KB024761

동북아안보복합체와
한반도 안보

이 도서의 국립중앙도서관 출판예정도서목록(CIP)은 서지정보유통지원시스템 홈페이지(http://seoji.nl.go.kr)와 국가자료종합목록시스템(http://www.nl.go.kr/kolisnet)에서 이용하실 수 있습니다.
(CIP제어번호 : CIP2019009868)

동북아안보복합체와 한반도 안보

김재환 · 박영택 공저

한누리미디어

| 서문 |

동북아안보복합체와 한반도 안보

이 책의 핵심 연구대상은 동북아안보복합체로서 지역의 안보 구조와 각 국가의 위협인식이 작용한 구조로서 상호의존적이고 다층적이다. 복합체는 단위국가로서 미 · 일 · 중 · 러와 남북한을 포함하고 있으며, 남방 및 북방삼각체와 한반도라는 하부구조를 포괄하고 있다. 복합체는 지리적 근접성, 적대/우호의 경험 축적, 군사력 응집 및 패권 추구, 경제적 의존 및 공존 관계 심화, 문화의 혼재, 초국가적 환경문제와 문화 교류의 확대 등이 작용되어 형성되는데, 이러한 이유 때문에 안보개념도 정치 · 군사 · 경제 · 사회 · 환경 분야 등으로 분화 및 확장되고 있다.

저자는 '동북아안보복합체가 한반도 안보에 어떠한 영향을 미치는가?' 와 '한반도 안보의 내외부적 취약성은 무엇이며 극복 대책은 있는가?' 라는 두 개의 핵심문제를 제시하였으며, 이론적인 논리를 구축하기 위하여 '동북아안보보합체는 실제하며, 하부구조인 한반도안보체에 상당한 영향을 미치고 있으며, 취약성의 구조적 원인을 제공한다' 와 '한반도안보의 취약성은 동북아구조의 틀 안에서 극복해야 하며, 구조적 갈등 요인을 해소하는 데서 비롯된다' 는 전제를 하였다.

동북아안보복합체는 지역안보복합체 이론을 제기한 베리 부잔의 이론을 적용하여 안보개념을 확장하였는데, 동북아안보복합체는 오랜 기간에 걸쳐 형성된 적대-우호의 패턴과 힘의 분포상태를 핵심구조로 가지고 있다. 또한 복합체 구조는 매우 역동적인 상태에 있는 바, 현상 유지, 내외부적 변화, 압도의 현상을 보이고 있다. 지역 국가들 간에는 갈등해결 기제가 미흡하고 상호공존에 대한 경험이 부족한 상태에서 강대국들이 자국우선주의에 몰입하고 있어서 EU 등을 창출한 유럽의 성숙한 상태와 달리 미성숙 상태로 파악되었다.

특히 저자는 남방 및 북방삼각체에 주목한 바, 두 개 삼각체의 형성에 따른 진영의 구축이 미성숙의 핵심적인 원인이라고 판단하였다. 남방삼각체는 자본주의 진영으로서 한미일이 삼각공조를 이루고 있는데, 서방과 여타 태평양 국가들과의 협력을 주도하고 있으며, 북핵문제 해결을 동북아 평화의 선결문제로 인식하고 있다. 이에 반하여 북방삼각체는 구공산주의 진영의 이미지를 보이고 있는데, 미국과 서방의 압박과 제재에 공동으로 대응하는 양상이다. 특히 북핵문제에 있어서 안보리 상임이사국인 중국과 러시아가 공동으로 대응하고 있는데, 북한의 배후 역할을 하고 있다는 의심을 받고 있다.

미국은 신고립주의의 상태로서 체제 차원의 영향력을 유지하기 위하여 노력하고 있으며, 9.11테러 이후의 대테러전 수행, 중러의 밀착 견제, 북핵무장 등 위험국가의 도전 등을 핵심위협으로 인식하여 공세적인 대외전략을 수행하고 있다. 일본은 패전국가의 이미지를 벗기 위하여 미일동맹을 최대한 활용하여 보통국가의 추진에 전력을 기울이고 있는데, 지역에서의 영향력 유지와 북한의 핵무장을 자국의 안보정책에 적극적으로 활용하는 모습을 보이고 있다. 한국은 북한의 핵무장과 군사적 도발을 핵심위협으로 인식한 가운데 한미동맹을 중심으로 한반도 문제의 해결과 비핵화를 위해 노력을 기울이고 있다.

이에 반하여 북방삼각체의 국가들도 결속을 강화하고 있는데, 중국은 '중국몽'을 주창하며 일대일로와 군사력 증강을 적극 도모하는 한편 미국에 대응하기 위하여 러시아와의 밀착을 강화하고 있다. 러시아는 중국과의 밀착을 통하여 무기판매를 통한 재정 수익 증대와 중국의 투자유치를 확대하고 있고, 상하이협력기구를 통한 지역단위 안보협력을 도모하고 있다. 북한은 중국과 러시아를 배후국가로 활용하고 있으며, 핵무장을 협상카드로 국면을 전환하기 위한 다각도의 노력을 전개하고 있다.

이 책에서는 한반도 안보 영향요인을 분석하기 위하여 첫째, 복합체내 국가간의 관계를 동맹, 밀착, 보통, 경쟁, 적대 등 다섯 유형으로 구분하여 형성 배경과 영향 요인을 평가하였는데 복합체에 총 15개의 상이한 관계가 형성되어 복합체가 매우 불안정하고 불균형 상태에 있다는 것을 파악하였다.

둘째, 남방 및 북방 삼각체에 대한 SWOT 분석을 실시하여 각각의 강약점과 위기 및 기회요인을 분석하였다. 두 개의 삼각체는 상호대칭적인 구조로서 패권 경쟁 및 군비경쟁 지속, 각 삼각체의 폐쇄적 및 공세적 운용, 쟁점 해결에 미온적 · 수동적 태도 견지, 경제협력 소홀 및 무역전쟁 강화, 경제공동체의 성과 미비 및 상황 악화, 삼각체내의 응집력 부족 및 균열 발생, 특정국가의 고립 및 소외현상 심화, 그리고 국가간 적대인식 심화 등의 충돌요인이 다수 존재해 있다. 그러한 두 삼각체가 수렴될 수 있는 협력 요인도 존재하는데 패권 경쟁 자제 및 공존 인식 공유, 군축 등 안보협력 체제 구축 노력, 복합체내의 안보기구 창설, 북핵문제 등 해결

협력, 주변국의 국가간 쟁점 적극 중재, 복합체의 경제발전과 공동 번영, 경제발전 지원과 확산정책 협력, 그리고 국가간 우호 패턴의 증대 현상 등이 산견되고 있다.

결론적으로 한반도 안보는 안보개념의 확장, 동북아복합안보체에서 보여준 적대-우호의 축적, 단위국가간 서로 다른 위협의 상충, 남방 및 북방 삼각체의 대립적 상황, 그리고 남북한간의 심각한 차이와 외부 구조와의 메커니즘 작동의 간격 심화 등 매우 다층적이고 복합적인 상황에 영향을 받고 있는데, 각각의 국가들의 인식 변화와 협력적인 노력이 전제될 때 해결 가능함을 알 수 있다.

끝으로 이 책의 출판을 위하여 물심양면의 지원을 해주신 한누리미디어 김재엽 대표님과 편집진 여러분께 감사함을 전하며, 원고의 완성도를 위하여 지대한 관심을 보여주신 안종욱 교수님께도 진심으로 감사드린다.

2019년 3월

저자 일동

CONTENTS

CONTENTS

표 목차

도 목차

제 1 장

서론

제1장
서론

1. 대내외적인 안보환경의 변화와 한반도

지금 한반도는 지리적인 구분은 되어 있지만 경계가 없는 국제적인 현상으로 인하여 '〈표 I-1〉 체제차원/지역차원의 현상' 에 노출되어 있고 그 위험성은 갈수록 증대되고 있다.

먼저 안보환경을 체제적 차원에서 개관해 보면 국가간 무한경쟁은 일상화되고 있다. 강대국들은 정치 · 군사 · 경제 등 제반분야에서 패권경쟁을 하고 있으며, 이들이 속한 지역을 넘어 체제에서 그 영향력이 심화되고 있다. 국가간의 무한경쟁은 이제 문화예술 그리고 스포츠 분야로 확대되는 추세에 있다.

둘째, 국제사회에서 국가의 역할은 계속 증대되고 있는데 유엔의 활동에 있어서도 해당 국가의 경제적 및 활동 기여도가 반영되어 영향력 수준이 결정된다.

셋째, 국가간의 경계가 갈수록 모호해져 인접국 혹은 지역적 영향력이 커지고 있다. 특히 초국가 범죄는 한 국가의 통제력 상실에 의하여 초래되는데 시리아, 수단 등 내전 발생에 의해 지역 전체가 안보불안에 휩싸이는 것이 현실이다.

넷째, 국제사회에는 인권, 빈곤, 범죄, 난민 발생 등 다양한 문제들이 표출되고 있어서 국제적 협력 및 국가들의 관심이 불가피해진 상황이다.

다섯째, ISIS 등 非국가 조직의 영향력이 증대되어 체제전체를 위협하고 있는데, 특히 테러의 국제화는 심각한 수준이다.

여섯째, 북한을 중심으로 한 한반도 문제가 국제사회의 중심으로 부각되고 있는데 북핵문제, 분단문제, 북한인권, 마약, 위폐, 1인 독재국가 등은 한반도에 대한 부정적 시각을 심화시키고 있다.

일곱째, 아직도 현실주의와 자유주의의 시각이 여전히 양립되고 있는 바 세계평화를 위한 국가들간의 협력과 국제기구의 제대로 된 역할이 정립되기까지 갈 길이 먼 상황이다.

마지막으로 지구온난화, 환경오염, 그리고 갖가지 재난 등이 빈발하여 국제적 협력이 절실한 실정이다.

다음으로 동북아안보복합체의 특징을 결정하는 지역적 특성을 살펴보면 지역이라는 용어가 무색할 만큼 강력한 단위국가들이 존재하는 것은 물론이며 역동적인 모습으로 발전을 거듭하면서 패권경쟁에 몰입하고 있다. 둘째, 동북아 지역은 단위국가들의 군사력이 강대하고, 경제규모도 세계적 수준에 머물고 있어 세계수준의 변화를 주도하는 지역이다. 셋째, 그리고 탈냉전기임에도 불구하고 북중러가 결속하여 한미일 동맹에 대립하는 구조다. 넷째, 지역국가들은 한반도를 중심으로 남북한과 등거리 관계를 유지하고 있는데 한반도 문제에 대한 개입의지가 뚜렷하지만 제분야의 이익을 추구하는 국익 중심의 접근방법을 취하고 있다. 다섯째, 단위국가들은 지리적 근접성에 따른 복잡한 안보구조를 가지고 있는

〈표 I-1〉 체제/지역차원의 현상

[체제 차원의 현상]
• 무한경쟁의 시대: 국가의 서열화와 국민의 국제적 수준 연동 • 국제사회에서의 국가의 역할 증대 • 한 국가의 문제가 다른 인접국가에 영향 초래 • 국제사회에서 인권, 빈곤, 범죄 등 다양한 문제 표출 • ISIS 등 非국가 조직의 영향력 증대: 테러의 국제화 • 한반도 문제가 국제사회의 중심으로 부각 • 현실주의와 자유주의의 시각 양립: 국제사회에 대한 평가와 지향성 • 지구온난화, 환경오염, 재해 등의 확산: 지구촌의 문제 심각
[지역(동북아) 차원의 현상]
• 주변국 간 패권 경쟁 지속: 미국 ↔ 중국/러시아, 일본의 잠재력 • 가장 역동적인 지역: 경제 및 군사 대국의 존재 • 협력과 갈등의 공존 지역: 남(한미일) · 북(북중러)방 삼각지역의 대립 • 남북한과 등거리 관계 유지: 한반도 문제 개입의지, 국익추구 • 과거사와 민족감정의 고리 존재 • 완충지대 사이에서 거대 국가 권력 수렴: 한반도가 buffer zone • 중국과 러시아의 변화 가능성 • 북한의 붕괴 가능성과 핵도발 가능성: 핵 도미노의 진원지

데 과거사와 민족감정이라는 복잡한 정서가 관계를 형성하는 요소로 자리 잡고 있다. 여섯째, 한반도는 두 개의 삼각체가 충돌하는 지점으로서 한반도를 완충지역으로 인식하지만 분쟁의 핵심지역이 될 소지도 있다. 마지막으로 중국과 러시아의 체제 변화 가능성 때문에 지역불안에 대한 염려가 있으며, 북한의 핵무장으로 인하여 핵 도미노 현상과 붕괴에 따른 지역불안 요소가 상존해 있다.

한반도의 안보구조를 복잡하게 하고 불안정하게 하는 또 하나의 요인은 한반도안보구조와 관련된 분단과 남북한 대치다. 분단 이후 남북한은 각기 다른 체제하에서 남측에서는 민주주의의 정착과 경제발전을 거치면서 불안정한 정치적 환경이 조성되면서 점차 안정을 찾아왔으며, 북측에서는 경제와 군사, 그리고 핵무장을 병행한 정책과 3대세습이라는 독재체제를 완성하면서 분단을 심화시켜 왔다.

한반도는 남북한의 강력한 군사력과 주한 미군 등이 공존하는 지역으로서 군사적 긴장이 지속되어 왔다. 남북한은 '〈표 I-2〉 남북한의 제반 분야의 상이점' 에서와 같이 체제, 인권, 국가안보의 지향성, 체제 및 사회의 특징, 그리고 국제적 수준에서 상당한 차이를 보이고 있다. 이러한 차이도 한반도 안보를 불안정하게 만드는 요인이다.

〈표 I-2〉 **남북한의 제반 분야의 상이점**

- 자유민주주의 ↔ 1인 독재 사회주의체제
- 자본주의체제 ↔ 사회주의 경제체제
- 개방국가 ↔ 폐쇄국가
- 시민사회의 발전 ↔ 주민의 권리 억압/시민동력 미발생
- 안보차원의 군사력 증강 ↔ 적화목적의 군사국가 및 핵무기 개발
- 경쟁사회 ↔ 정권의 일방적 통제
- 정당제도/선거제 ↔ 노동당체제/형식적 선거제
- OECD 국가 ↔ 빈곤국가
- 행복 및 복지 추구 ↔ 핵심세력 위주 복지
- 다양성과 다층성 ↔ 획일성
- 예술문화의 발전 ↔ 선전선동 목적 활용
- 국제적 기여도 점증 ↔ 국제적 관심 대상
- 국제사회의 적극적 행위자 ↔ 반국제적 행위자

이러한 환경 하에서 한반도 안보를 이해하고 핵심 위협을 파악하기가 쉽지 않다. 따라서 한반도의 안보는 체제(세계수준)와 한반도(지역수준)를 매개하는 동북아의 복합적인 안보구조와 탈냉전기에 들어와 급변하는 안보환경을 파악함으로써 분석이 가능하다.

이 책에서 이를 위하여 동북아안보복합체라는 구조를 도입하였으며 다양한 안보개념을 안보환경을 설명하는 데 활용하였다. 동북아안보복합체는 세계라는 체제와 지역에 존재하는 단위국가들을 연결하는 지역 단위의 상호의존적 구조로서 미 · 일 · 중 · 러와 남북한이 포함되어 있다. 안보복합체에 속한 국가들은 오랜 기간 긍부정적인 역사를 공유하고 있다. 이들의 역사에는 지리적 근접성에 의한 교류나 분쟁 등이 매우 빈발하였고, 때로는 생존을 건 갈등에 휩싸이기도 했다.

그리고 현재에는 안보적으로 매우 상호적이고, 경제적 밀접성과 협력이 불가피한 관계를 형성하기도 한다. 현재에 이르기까지 이들 국가들 간에는 실타래처럼 수많은 경험을 공유함으로써 국가간의 관계를 단순하게 이해하기 어려운 매우 복합적인 관계가 형성되었다. 한반도의 안보는 이러한 복합적인 구조하에서 설명이 가능하다.

베리 부잔(Barry Buzan)은 특정지역의 안보문제를 설명하기 위하여 지역안보복합체이론(Regional Security Complex Theory)을 제시하였는데, 지역이 단위국가와 체제를 연결하는 고리이며, 지역단위를 중심으로 형성된 복합체적 고리는 단위 국가들간의 양자가 작용하는 것에 따라 반작용을 하며, 지역복합체의 작동은 복합체에 형성된 힘의 배분과 각 단위 국가간에 축적된 우호(amity) 및 적대(enmity)의 정도에 따라 결정된다고 하였다. 탈냉전기에 들어와 안보개념은 전통적인 국가나 군사안보의 개념에 더하여 경제안보, 사회안보, 환경안보, 인간안보, 사이버안보 등 비군사적인 분야로까지 확장되고 있다. 부잔 또한 안보개념을 확장하였는데 체제와 단위국가 사이에 존재하는 지역차원의 안보요소를 규명하기 위함이다.

저자는 이와 같은 목적을 위하여 부잔의 지역안보복합체를 중심 틀로써 설정하고 ① 지역안보복합체이론의 동북아 적용, ② 동북아안보복합체의 실체 조명, ③ 남방 및 북방삼각체의 특성과 한반도 역학관계 진단, ④ 한반도 안보 취약성 진단 및 대비방향을 제시하고자 하였다.

2. 지역안보복합체 이론의 필요성

먼저 이론과 관련하여 개관해 보면 이론에 대한 일반적인 이해는 월츠(Waltz)의 이론 정립과정[1]의 이해를 바탕으로 가능한데, 연구의 전체적 방향성을 제시하고 각각의 분야에서 분석틀로서 역할을 수행할 수 있는 이론의 과학성과 논리성을 확립하는 것이 사회과학연구의 일반적인 흐름이다. 부잔의 지역안보복합체 이론은 안보의 개념을 정치 및 군사안보에서 경제, 환경, 사회의 영역으로 확장하였으며, 이러한 안보개념은 복합체내의 단위국가들의 역사적 경험 공유로 인하여 매우 밀접한 상관관계를 형성하게 하는 원인이 된다는 주장을 하였다.

이 이론에서는 지역이 단위국가와 체제를 연결하는 고리이며, 지역단위를 중심으로 형성된 복합체적 고리는 단위 국가들간의 양자가 작용하는 것에 따라 반작용을 하며, 지역복합체의 작동은 복합체에 형성된 힘의 배분과 각 단위 국가간에 축적된 우호(amity) 및 적대(enmity)의 정도에 따라 결정된다고 하였다. 지역안보복합체적 관점에서는 안보 행위자로서 (1) 국제체제(international systems), (2) 국제하부체제(international subsystems), (3) 단위(units)[2], 그리고 (4) 소규모 그룹

---

1) Kenneth N. Waltz, ***Theory of International Politics***(New York; Newbery Award Record, Inc, 1979), p. 13.

2) 부잔은 주권을 행사하는 각각의 국가(state)를 주권을 행사하는 또는 국가의 특성을 유지하는 상태로 표현하기보다는 복합체 안의 하나의 구성 단위(unit)로 표현함으로써 안보의 복합체적 이미지를 보여주고 있다, Tuva Kahrs, "Regional Security Complex Theory and Chinese Policy towards North Korea," ***East Asia***, 21-4(Winter 2004), p. 64.

(subunits)과 (5) 개인(individuals) 등을 대상으로 삼고 있다.

확장된 안보 개념하에서의 군사안보는 영토와 주권을 방어하는 것으로서 군사력뿐만 아니라 지역, 역사, 그리고 정치적 요소가 반영되며, 지리적 근접성이 중요한 요소이기는 하나 국가 수준이 향상되는 경우 지역안보적 특성을 보인다.

정치안보는 보편적으로 두 개의 국가 사이에 형성되지만 동조하는 세력들이 확장되면서 지역적 혹은 체제적 문제로 비화된다. 경제안보는 자유주의적 사고가 작용하는 분야로서 안보의 범위를 규정하는 것이 어렵지만 경제의 범위가 체제에 미치고, 국가는 생존이라는 관점에서 경제를 취급하고 있다. 사회안보는 빈곤의 악순환과 문화의 충돌이라는 관점에서 전지구적 문제로 인식되며, 특히 지역적으로 각각 다양한 원인의 사회안보 문제가 존재한다. 마지막으로 환경안보는 전지구적 문제이면서도 이를 해결할 수 있는 전지구적 정치력의 확보가 미흡하고 지역적인 해결이 진행되고 있다.[3)]

안보개념과 관련해서는 부잔이 영역을 확장한 것처럼 탈냉전기에 들어와 발생하기 시작한 새로운 안보 위협에 대한 인식을 공유하고 있다. 탈냉전기의 안보관념은 다양한 행위자와 사회분야에 걸쳐 안보의 주체와 대상, 적용영역이 확대되고 있으며, 네트워크화 되어가는 추세와 복합적인 위험사회로 진화하고 있는 특징을 보여주고 있다.[4)] 영역 면에서

3) Barry Buzan, Ole Wœver, and Laap de Wilde, ***Security: A New Framework for Analysis*** (London: Lynne Riener Publisher, 1998).; Barry Buzan, ***People, States, and Fear: An Agenda for International Security Studies in the Post-Cold War Era***(London: Harvester Wheatsheaf, 1991), pp. 1, 3, 18-23, 60, 146-147, 153-176.; Barry Buzan, "Peace, Power, and Security: Contending Concepts in the Study of International relations," ***Journal of Peace Research***, 21-2(1984), p. 124.

4) 민병원, "탈냉전기 안보개념의 확대와 네트워크 패러다임," 『국방연구』 제50권 제2호, 2017년 12월, pp. 23-55.

도 정치 · 경제 · 사회 · 환경 등의 비군사적 영역으로 확대되고 있으며, 국내정치적 환경의 중요성이 부각되는 한편, 정치적 불안정은 안보에 대한 직접적인 위협으로 작용할 수 있다. 한반도도 이러한 비군사적 · 대내적 안보문제의 비중이 커지고 있는 것이 현실이다. 또한 위협의 형태도 다양하게 식별되고 있는데, 환경, 원자력, 보건, 인간, 사회, 사이버, 테러 등도 거론되고 있다.[5]

둘째, 동북아안보복합체의 실체에 관련한 분야는 연구의 진척이 미진한 상태다. 앞에서 설명한 것처럼 동북아안보복합체는 안보구조를 이해함으로써 다양한 안바의 요인을 입체적으로 식별하는 데 유용하다. 따라서 체제 및 지역수준의 안보를 동적으로 이해하고 한국이 어떻게 생존하는지에 대한 접근이 필요하다.[6] 이 책에서는 동북아안보복합체의 실체를 규명하기 위하여 다양한 역사적 사실을 바탕으로 적대/우호의 패턴을 분석하였고,[7] 지리적 근접성에 의한 대결구도를 파악하는 데 주력하였다.[8]

---

5) 홍용표, "탈냉전기 안보개념의 확대와 한반도 안보환경의 재조명," 『한국정치학회보』, 36집 4호, 2002 12, pp. 121-139.; 김상배, "신흥안보와 메타 거버넌스," 『한국정치학회보』 50집 1호, 2016 봄, pp. 75-104.; 윤지원, 심세현, "동북아안보환경의 변화와 미국의 안보전략," 『한국정치외교사논총』 제38집 1호, pp. 349-380.; 윤지원, "무차별적 '소프트타깃(Soft Target)' 테러 급증과 우리의 대응방안," 『국방과 기술』 461, 2017. 7, pp. 74-81.; 차장현, 김대수, 송현준, "방사능테러 위협 및 예상 시나리오," 『국방과 기술』 459, 2017. 5, p. 129.; 손영동, "사이버 안보와 국방 대응태세," 『군사논단』 제94호, 2018년 여름, pp. 9-11.

6) 현인택, "동아시아 헤게모니 역사와 한국의 미래," 『국제관계연구』 제22권 제2호, 2017년 겨울호, pp. 38-45.; 문흥호, "중 · 러 전략적 협력과 한반도 평화체제," 『중소연구』 제41권 제4호, 2017/2018 겨울, pp. 72-78.; 이상환, "한반도 주변 국제질서의 불안정성과 한국의 외교전략," 『한국정치외교사논총』 제37집 2호, pp. 245-247, 255-256.; 김동성, "북한 핵 · 미사일 위협과 한반도 위기: 한국의 대응방향," 『이슈&진단』 No.291(2017.8.29.), pp. 14-23.; 조성호 외, "국가발전을 위한 전략과제," 『정책연구』, 경기연구원, 2017-17, pp. 7-12.; 이진호 · 이민화, "4차산업혁명과 국가정책 방향 연구," 『한국경영학회 통합학술발표논문집』 2017. 08.

7) 유바다, "갑신정변 전후의 청 · 일의 조선보호론 제기와 천진조약의 체결," 『역사학연구』 제66집(2017.05).; 김주삼, "아편전쟁과 동아시아 근대화과정에서 나타난 중 · 일의 대응방식 분석," 『아시아연구』 제11권 제3호(2009.3), pp. 77-105.; 정영순, "임진왜란과 6.25전쟁의 비교사적 검토," 『사회과교육』 2012, 51권 4호, pp. 1-14.

이외에도 다양한 분야에서의 교류와 상호관계를 분석하였으며, 문화의 동질성과 분화성, 그리고 월경의 특징을 가진 환경문제 등에 대해서도 파악하였다.[9)]

동북아안보복합체의 현재 상태는 완전한가? 불완전한가? 저자는 동북아안보복합체가 지역의 정체성의 미정립과 우호의 경험 부족, 체제와 지역단위의 역할 및 문제의 혼재, 그리고 불안정한 진영의 대립 고착화로 인하여 미성숙 상태이며, EU와 비교해 볼 때 집단안보체제로 진행하기에 상당한 노력과 절차가 필요할 것으로 인식하였다.[10)]

---

8) 김주삼, "G2체제에서 중국의 군사전략 변화양상 분석," 『대한정치학회보』 25집 2호, 2017년 5월, pp. 131-135.; 김귀옥, "글로벌시대 동아시아 문화공동체, 기원과 형성, 전망과 과제," 『한국사회학회 사회학대회논문집』(2012. 12), pp. 147-149.

9) 김귀옥, "글로벌시대 동아시아 문화공동체, 기원과 형성, 전망과 과제," 『한국사회학회 사회학대회논문집』(2012. 12), pp. 147-149.; 원용진, "동아시아 정체성 형성과 한류," 『문화와 정치』 제2권 제2호, 2015, pp. 5-22.; 박정수, "중화민족주의와 동아시아 문화 갈등: 역사와 문화의 경계짓기," 『국제정치논총』 제52집 2호, 2012, pp. 69-87.; 원동욱, "중국 환경문제에 대한 재인식: 경제발전과 환경보호의 딜레마," 『환경정책연구』 제5권 1호, 2006, pp. 49-55.; 강민지, "한국의 일본 수산물 금지조치 법적 검토," 『법학연구』 제23권 제4호, pp. 299-301.; 조공장 외, "원전사고 대응 재생계획 수립방안 연구(1): 후쿠시마 원전사고의 중장기 모니터링에 기반하여," 『KEI 사업보고서』 2016-11, pp. 112-113.; 이수철, "일본의 초미세먼지 대책과 미세먼지 저감을 위한 한중일 협력," 『자원환경경제연구』 제26권 제1호, pp. 71-82.

10) 신종훈, "유럽정체성과 동아시아공동체 담론," 『역사학보』 제221집(2014. 3), p. 228.; 박민철, "한국 동아시아담론의 현재와 미래," 『통일인문학』 제73집(2015. 9), pp. 136-151.; 신종훈(2014), pp. 250-255.; 조정원, " 일본의 동아시아 지역공동체 구상: 대동아공영권과 동아시아 공동체의 비교를 중심으로, " 『동북아문화연구』 제20집(2009), pp. 475-490.; 권소연, " 동아시아 지역 정체성 만들기, " 『동북아시아문화학회 국제학술대회 발표자료집』(2016-7), pp. 30-41.; 김학재, "냉전과 열전의 지역적 기원: 유럽과 동아시아 냉전의 비교역사사회학," 『사회와 역사』 제114집(2017년), pp. 212-216.; 송병록, "독일과 유엔: 독일의 안보리 상임이사국 진출노력과 전망," 『유럽연구』 제24호(2006년 겨울), pp. 84-99.; 김보미, "중소분쟁시기 북방삼각관계가 조소 · 조중동맹의 체결에 미친 영향(1957-1961)," 『북한연구학회보』 제17권 제2호, pp. 193-195.; 박종철, "중소분쟁과 북중관계(1961-1964년)에 대한 고찰," 『한중사회과학연구』 제9권 제2호(통권 20호), pp. 54-56.; George Modelski, Long Cycles in World Politics (London: Macmillan, 1988).; George Modelski, "Is World Politics Evolutionary Learning? " International Organization, 44-1(Winter 1990), pp. 1-24.

셋째, 남방삼각체의 특징 및 구성국가의 안보정책 등과 관련한 내용으로서 가장 두드러진 현상은 트럼프 행정부의 출범 이후 드러난 미국의 자국 우선주의와 일본아베 정부의 우경하와 보통국가 추진이다. 트럼프의 무역보복과 대북강압정책, 이에 따른 미・중간 및 미・러간의 복잡한 관계형성 등이 동북아안보복합체의 전망을 매우 불투명하게 만들고 있다.[11]

11) Michael Auslin, "On Asia," Commentary, May 2016, pp. 19-20.; .Victor Cha and Katrin Katz, "The Right Way to Coerce North Korea," Foreign Affairs, May/June 2018, pp. 87-100.; Henry, R. Nau, "Trump' s Conservative Internationalism," National Review, August 28, 2017, pp. 33-36.

제2장

지역안보복합체이론과 동북아안보복합체의 실체

제2장
지역안보복합체이론과 동북아안보복합체의 실체

1. 지역안보복합체이론: 안보 개념과 복합체의 특성

가. 전통적 안보개념과 안보개념의 확장 문제 심화

안보란 국가안보의 줄인 말인데 국가안보는 한 국가가 국내외 위협으로부터 자유로운 상태를 의미한다. 안보 'Security'는 그리스어 Se(무엇으로부터 자유로운 상태)와 Curitas(걱정, 근심, 불안)의 복합어다. 사람으로 치면 안보상태라고 하면 사람이 온갖 병원균과 안전문제, 그리고 근심과 걱정으로부터 자유로운 상태를 뜻한다. 전통적인 관점에서 보면 안보를 위협하는 요인은 국가의 이념, 국가의 물리적 기반(인구, 영토), 그리고 제도 등이 거론되었다.[12)]

그 취약성을 우리나라에 적용해 보면, 첫째, 우리는 경제력과 군사적

12) 황병무, 『한국안보의 영역 · 쟁점 · 정책』(서울: 봉명, 2004), p. 17.

기반 면에서 자생능력을 갖추고는 있으나 강대국의 대열에는 크게 못 미친다. 둘째, 민주주의 조직이나 제도 측면에서 보면 아직까지도 체제 갈등의 요소가 상존하고, 자유민주주의 기본 질서를 보다 확고히 다져야 하는 상태라고 할 수 있다. 마지막으로 분단상태가 주는 취약성 때문에 국가발전의 진로에 심각한 영향을 받아 왔다.

그러나 위의 전통적 상황은 탈냉전기와 북한의 핵무장, 그리고 4차산업혁명의 시대에 돌입하면서 훨씬 다양하고 복잡해지고 있다. 다시 말해서 한반도 안보가 남북한과 대내적 문제로부터 비롯되지 않고 동북아 및 체제적 영향에 직면해 있음을 의미한다.

그 첫 번째가 북한의 핵무장에 따른 국가적 위협의 증대다. 북한은 이미 플루토늄을 넘어 우라늄농축프로그램을 완성할 가능성이 있는 것으로 보인다. 핵물질의 원활한 수급은 북한이 대륙간탄도미사일과 잠수함발사탄도미사일 등을 개발하는 동력을 제공한다. 작금의 상황은 북한의 핵능력이 지역은 물론 전세계를 위협하는 수준에 이르러 언제든지 한반

〈표 II-1〉 북한 핵무장과 관련된 문제

• 한반도 비핵화와 평화체제
• 통일 및 통일 이후의 문제
• 남북한 교류와 경협의 전제조건
• 한반도 안보 문제, 군사적 균형 문제
• 비확산과 주변국의 핵무장 가능성
• 주변국 협력 및 갈등 문제
• 북한과 중국의 동맹 관계
• 북한의 내구성과 김정은 체제의 지속 문제
• 제3세계와 테러 문제
• 평화적 핵 이용과 핵기술의 유출
• 인류의 미래 평화와 세계대전 가능성

도를 핵전쟁의 중심지로 만들 수 있는 상황을 만들고 있다. '〈표 II-1〉 북한 핵무장과 관련된 문제' 에서와 같이 북한의 핵무장은 한반도의 평화는 물론이며 동북아와 체제적 문제와 직결되어 있다. 이러한 복잡성으로 인하여 한반도 안보문제가 매우 난해하게 얽혀 있으며 해결이 난망하다고 할 수 있다. 또한 북한은 핵무장과 더불어 분단 상황하에서의 적대적 생존 추구를 포기하지 않고 있으며, 유일지배 독재정권의 명분을 축적하기 위하여 화해와 도발 등의 전략을 구사하고 있다. 북한의 위협이 존재하는 한 우리의 안보는 늘 불안정할 것이다.

다음으로 주변4강은 대한반도에 대한 현상유지를 선호하면서 패권을 차지하기 위하여 힘겨루기를 더욱 강화하고 있다. 각국의 상황을 분석해 보면 먼저 미국은 아메리카니즘 혹은 신고립주의라고 표현되는 미국 우선주의(America First)[13]에 몰입하여 무역전쟁으로 대표되는 갈등을 유발하고 있다. 이러한 갈등은 동북아의 위기를 고조시키고 있으며, 북한과 중국의 결속, 나아가 한반도의 안보불안정을 초래하는 심각한 요인이 될 것이다.

중국은 시진핑이 권력을 장악한 이후 일대일로(一帶一路) 전략을 구사하고 있는데, 실크로드 경제벨트(일대)와 해상 실크로드(일로)를 의미하는 것으로서 중앙아시아, 동남아, 중동 등 지역을 거쳐 유럽에 이르는 지역을 육로와 해로로 연결해 관련국과 경제 협력을 강화하는 사업이다. 이 사업은 전 세계 인구의 63%, 경제규모 29%, 교역규모 23.9%에 해당하며,

13) 트럼프 대통령의 미국우선주의는 미국 내 성인의 57%가 "미국은 미국의 문제해결에 주력해야 하고 다른나라 일들은 다른 나라가 해결하도록 내버려둬야 한다" 고 주장하는 것에 기반한 일종의 포퓰리즘으로서 외교 · 안보 불개입 정책이기도 하다. 그 배경은 기성정치권에 대한 미국인의 반감, 정치인들의 포퓰리즘 성향, 미국의 전통적 고립주의 세력이 반영을 들 수 있다. 미국은 건국 초기부터 ① 비식민의 원칙 · ② 불개입원칙 · ③ 고립원칙을 유지하고 있는데, 윌슨 대통령의 국제연맹 창설 시도도 고립주의 세력으로 인하여 저지된 바 있다.

약 8,000억 달러 규모의 투자를 할 계획이다. 이러한 중국의 도약은 미국 등 서방, 그리고 해당국들의 경계심을 자극하고 있으며 중국의 패권추구를 의심하게 한다.

러시아 또한 옛 소련의 영화를 되찾으려는 의도를 표출하고 있는데 '중러간 Bromance' 라고 일컬어지는 관계강화를 통하여 고립을 극복하고 있다. 러시아는 한반도 정책에서도 남북한과의 능동적 관계 형성을 유지하면서 영향력을 강화하려는 시도를 하고 있다. 전통적인 러시아의 대한반도 정책은 남북한 등거리 정책인 win-win 전략[14]인데, 최근에는 우리와는 경제적 실리를 추구하면서도 북한과의 관계를 원상회복하려는 노력을 하고 있다. 이는 북한의 핵무장 이후 증대된 전략적 활용 가능성 때문이다.

일본은 미일동맹의 유지를 전제로 일본의 적극적인 국제공헌과 군사력의 보유, 그리고 평화헌법의 개정으로 요약되는 보통국가론에 몰입하고 있으며, 이를 통해 지역내에서 영향력을 강화하기 위한 노력을 배가하고 있다. 이 같은 정책은 고이즈미 정권의 출범 이후 대외정책 기조로 부상하였는데, 2006년 9월 취임한 아베신조 수상은 친미보수 성향의 인물로서 보통국가론의 신봉자이기도 하다. 향후 일본은 복고주의적 색채의 국가 건설, 미일동맹의 재편 및 강화, 자위대의 항구적인 해외파견과 무력사용의 제도화 등을 통하여 강한 일본을 건설하려고 할 것이다. 이러한 일본의 대외 지향성은 한반도 안보와 유관하며 그 파급영향이 적지 않을 것이다.

---

14) 러시아의 등거리정책은 친남소북기(1991-1994) → 친남포북기(1994-1996) → 남북한 등거리 노선기(1997-현재)를 거쳐 형성되었으며, 한반도의 평화와 안정 유지, 한국과의 경제적 교류, 북한에 대한 영향력 복원, 한반도에 대한 영향력 확보를 근간으로 하고 있다. 이 같은 전략은 배경은 한반도에서의 주도권 확보 제한, 대북 억제 정책수단 부재, 북핵문제의 6자회담 해결 인식 등에 기인한다.

마지막으로 한반도의 안보를 전지구적 문제와 연결시키는 역할을 하는 것이 4차산업의 발전이라고 할 수 있다. 4차산업혁명시대의 도래는 안보를 매우 복잡하고 다양하게 진화시키고 있으며, 국가간 그리고 국가와 지역 및 체제간의 경계를 무너뜨리고 있다.

한편 4차산업혁명의 대표적인 현상은 사물인터넷이다. 사물인터넷(Internet of Things, 사물은 일과 물건, 물질세계에 존재하는 것들, 사람 · 자동차 · 교량 · 전자기기 · 자전거 · 안경 · 시계 · 의류 · 문화재 · 동식물 등)은 우리 주변의 다양한 유형, 무형의 사물이 모두 동적으로 인터넷에 연결되고, 사물로부터의 모든 정보를 분석하여 다양한 서비스를 제공하는 기술을 말한다. 즉, 사람, 사물, 프로세스 등 모든 것이 인터넷으로 연결되어 정보가 생성 · 수집 · 공유 · 활용되는 네트워크 기술로서 사람–사물–정보의 새로운 관계 구축을 통해 끊임없는 비즈니스 창출한다. 이러한 사물인터넷은 사물의 특성을 더욱 지능화하고 인간의 최소한의 개입을 허용하며, 정보를 융합하여 더 나은 지식과 서비스를 제공하지만, 한편으로는 국가의 안보를 취약하게 하거나 악의를 가진 집단이

〈표 II-2〉 사물인터넷과 한국의 SWOT 분석

강점	약점
- 세계 최고의 인터넷 인프라 보유 - 세계1위 스마트폰 잠재국 - 수준 높은 소비자 기반	- OS, 부품 등 핵심 원천기술 경쟁력 부족 - 이동통신 및 인터넷 장비/SW경쟁력 부족 - 중소 및 중견기업 동반성장 조성 미흡 - 방책 및 위협에 대한 시스템 미약
기회	**위기**
- 세계 IoT 태동단계 - 지능형 SW, 개인안전 서비스 요구 증대 - IoT 수요 증대	- 글로벌 기업의 출현 - 중국, 대만 등 후발국 급성장 - IoT 단말/서비스 플랫폼 신흥 주도국 등장 - 안보의 취약성 증대

활용하면 개인이나 국가 모두가 위험에 빠지게 된다.

'〈표 II-2〉 사물인터넷과 한국의 SWOT 분석' 은 4차산업혁명과 관련한 우리의 현재 위치를 잘 보여주고 있다. 작금에는 센서/상화 인지 기술, 통신/네트워크 기술, 자율형/지능형 플랫폼 기술, 빅데이터 기술, 데이터 마이닝 기술, 사용자 중심의 응용 서비스 기술, 웹서비스 기술, 보안/프라이버시 보호 기술 등의 무한대의 분야로 확장되고 있다. 그러나 그 취약성은 더욱 심화되는 실정으로서 안보패러다임의 변화는 더욱 가속화 될 것이다.

이제 안보는 전통적 안보에서 새로운 안보로 확장되고 있다. 저자는 이러한 확장개념을 '〈표 II-3〉 안보개념의 구분' 에서와 같이 구분하였다. 이러한 개념의 확대는 안보를 보다 복합적이고 입체적으로 이해하는 경향을 정착시키고 있으며, 복합안보, 통합안보, 포괄적 안보 등으로 불리는 것도 공유되고 있다.

먼저 정치안보는 국가안보의 한 분야이지만 국가의 중요 존립요소인 국가이념의 안정성과 공유, 3권분립 등으로 이해되는 통치조직의 견고성, 그리고 이러한 체제를 구축하는 국가의 총체적인 힘이 안정되게 구축되는 것을 말한다. 군사안보는 통상 군사력의 수준을 말하는데 내외부의 다양한 위협으로부터 국가를 지킬 수 있는 능력이 충분히 확보되고 있음을 의미한다. 외교안보는 사실상 국력에 따라 국가의 서열이 정해지고 이를 투사하는 정도가 외교이므로 사실상 국력이 근거가 되어 한 나라가 국제사회에서 지위를 확보하고 안전하게 주권을 수호할 수 있는 능력이라고 할 수 있다.[15]

한편, 확장된 안보는 비중으로 보면 처음 개념이 거론되는 시점에서는

15) 황병무, 위의 책, pp. 25-128.

전통적 안보에 비하여 중요성이 덜했는데 최근에는 점차 그 중요성이 강조되고 있다. 사회안보는 사회의 제반 문제가 제대로 통제되고, 국민이 사회적으로 안전하며, 사회 다방면에서 안정되고 성숙한 상태를 말하는데 국가의 구조적 안정성, 정부의 형태, 그리고 이념적인 문제 등이 관련

〈표 II-3〉 안보개념의 구분

구분		내용
전통안보	정치안보	국가의 존립요소인 국가이념, 통치조직, 물리적 기반이 대내외의 위협으로부터 안전한 상태
	군사안보	국가의 존립기반이 군사력 혹은 대내외의 폭력으로부터 안전한 상태로서 정부가 정상적 기능
	외교안보	국제적 체계나 질서로부터 자국의 주권이나 체제를 안전하게 확보한 상태
확장된 안보	사회안보	사회의 제반 문제가 통제되고, 국민이 사회적으로 안전하며, 사회 다방면에서 안정되고 성숙한 상태
	경제안보	경제적으로 전통적 안보를 지탱하고 국민의 생명과 재산을 무난하게 지킬 수 있는 상태
	환경안보	국가, 지역, 세계적으로 환경적 폐해를 줄이고, 환경문제를 무난하게 해결해 나갈 수 있는 상태
	인간안보	인권이 법과 관습으로 충분히 보장되고, 제분야에서 인권을 존중하고 배려하는 성숙된 상태
	사이버안보	사이버상에서 불법과 권리침해, 정해진 원칙에 따른 거래와 소통 등이 잘 통제되거나 최소화되는 상태
	테러안보	테러에 대한 경각심이 있고, 테러단체의 확산이나 범죄를 예방하고 충분히 대비할 수 있는 상태
	재해안보	지진, 태풍, 수해, 전지구적 전염병 등으로부터 국민의 재산과 생명을 안전하게 보호할 수 있는 상태

되어 있다.[16)]

사회안보는 언뜻 보면 정치안보와 유사하지만 사회의 계층화와 다양한 문제의 발생을 감안할 때 리더와 정부조직의 역할 확대와 강화가 꼭 필요할 것이며, 국민의 수준 향상도 중요한 조건이 된다. 경제안보 또한 정치 및 사회안정과 직결되는 사안이지만 모든 안보의 중심에 위치한다. 경제안보는 협의의 개념으로 대내외의 모든 경제활동을 범위로 한다. 그러나 그 범주는 국가적 수준을 넘어 국제적 수준으로 확장되는 바, 국가가 시장 경쟁력을 유지하는지, 경제를 독립적으로 운영하는지, 외부의 경제적 압력을 잘 버텨내는지, 국제적 경제위기를 이겨낼 수 있는지 등의 고려요소를 판단한다.[17)]

환경안보는 국가, 지역, 세계적으로 환경적 폐해를 줄이고, 환경문제를 무난하게 해결해 나갈 수 있는 상태로 정의되는데 그 범위가 점차 확대되는 추세다. 에코시스템, 에너지문제, 인구문제, 식량문제, 생산력의 감소 그리고 내전에 따른 난민 발생 등도 환경안보에 해당된다.[18)]

인간안보는 중국, 북한, 수단 등 인권에 대한 법체계가 미흡하거나 실제 준수상태가 매우 불량한 국가들에 의해 거론되고 있다. 인권이 법과 관습으로 충분히 보장되고, 제분야에서 인권을 존중하고 배려하는 성숙된 상태를 인간안보로 정의하는데 이를 지키지 않는 국가들이 존재하더라도 이를 제재하는 것이 어려운 실정이다. 이러한 문제로 인하여 인권을 유린하는 것을 국제적 문제로 인식하여 제재를 가할 수 있도록 하자는 목적으로 만들어진 용어가 인간안보라고 할 수 있다.[19)]

16) Barry Buzan, Ole Wœver, and Laap de Wilde, 위의 책, p. 119.
17) Barry Buzan, Ole Wœver, and Laap de Wilde, 위의 책, pp. 95-98.
18) Barry Buzan, Ole Wœver, and Laap de Wilde, 앞의 책, pp. 74-75.
19) 전학선, "인간안보를 통한 인권보장 강화," 『서울법학』 제24권 제1호, pp. 69-77.

사이버안보는 사이버상의 문제를 총괄하는 것인데 정보통신기술의 비약적 발전에 따른 사이버 의존도의 증가에서 비롯된 것이다. 특히 해킹이라고 통칭되는 불법적 정보획득 및 공격은 국가안보 수준의 문제를 야기한다. 북한이 고도의 사이버 요원을 양성하는 것도 위와 같은 목적을 수행하기 위해서다. 사이버안보는 그 공격이 갈수록 고도화되어감에 따라 국가적 역량이 집중되는 분야다. 특히 우리는 세계수준의 정보화가 진행된 국가로서 사이버안보에 대한 중요성이 더욱 강조되고 있다.[20]

테러안보는 일반화된 용어는 아니며, 군사안보 및 정치안보와 중첩되는 영역이 있다. 그러나 종교와 문화의 충돌이라는 관점에서, 그리고 치밀한 대응이 필요하다는 입장에서 별도의 개념으로 고찰해 보고자 한다. 특히 테러는 가용한 모든 수단을 활용할 수 있다는 측면에서 안보를 해칠 수 있는 정도가 심각하다. 그리고 대상도 개인에서 국가에 이르기까지 광범위하다. 최근에 이르러 미국과 서방의 집중적인 공격에 의해 IS 세력이 수세에 몰리고 있지만 아직도 세계 곳곳에서 테러가 빈발하는 등 그 위협이 상존한다. 우리도 북한과 외국의 테러단체에 늘 노출이 되어 있어서 대비가 필요한 분야라고 할 수 있다.[21]

끝으로 재해안보는 대규모 재난이나 전염병 창궐 등에 의한 안보위협을 말한다. 모든 국가는 국가적 재난에 대비한 위기관리시스템을 구축하고 있다. 2011년 3월 11일 일본 후쿠시마에서 발생한 대규모 지진과 쓰나미로 인한 원자력발전소의 방사능 누출사고는 재해의 위험성을 충분히

---

20) 박종재, 이상호, "사이버 공격에 대한 한국의 안보전략적 대응체계와 과제," 『정치정보연구』 제20권 3호, pp. 80-85.; 송재익, "한국군 합동 사이버작전 강화방안 연구: 합동작전과 연계를 중심으로," 『한국군사』 제2호, 2017. 12, pp. 150-158.

21) 공진성, "테러와 테러리즘: 정치적 폭력의 경제와 타락에 관하여," 『현대정치연구』 제8권 1호, 2015년 봄호, pp. 78-80.; 김상배, "신흥안보와 메타 거버넌스: 새로운 안보 패러다임의 이론적 이해," 『한국정치학회보』 50집 1호, 2016년 봄, pp. 84-85.

인식하게 한 사건이며, 우리나라의 탈원전 추진에도 영향을 미쳤다.[22)]

또한 2015년 대한민국을 강타한 메르스 사태와 거의 2년 주기로 발생하는 조류인플루엔자(AI: Avian Influenza) 등은 재난이나 재해가 국가 경제 및 안보에 얼마나 심각한 영향을 미치는가를 보여준다.[23)]

나. 베리 부잔의 복합적 안보개념[24)]과 작동원리

베리 부잔은 안보의 개념을 단위국가에서 지역, 그리고 체제 단위로 유기적이며, 복합인 분석틀에서 제시하였다. 부잔은 전통적인 안보로서 국가중심의 정치안보와 군사안보와 국가중심의 정치안보로 이루어진 전통적 안보와 여기에 경제안보, 사회안보, 환경안보를 추가하였는데, 안보개념의 변화와 확장의 시도는 다양한 행위자 및 공간 등에서 발생하는 안보 위협의 증대를 입체적으로 설명하는 데 유용하다.

앞에서 살펴보았듯이 안보개념의 확대는 9.11테러와 같이 테러조직이 저지른 만행 혹은 미・중간 무역전쟁 등 한 국가 혹은 지역 및 체제에 심각한 위협이나 변화를 초래할 때와 사이버 공간의 발달과 4차산업혁명의 전개 등 과학 및 산업의 영역에서 안보의 패러다임이 급변할 때, 그리고 이러한 환경을 악용하는 세력이 등장할 때 제기된다.

---

22) 홍사균, 최용원, 장현섭, 이영준, "후쿠시마 원전사고 이후 원자력발전을 둘러싼 주요 쟁점과 향후 정책방향," 『정책연구』, 과학기술정책연구원, 2011. 12. 1, pp. 122-163.; 류권홍, "후쿠시마 이후, 그 대응은: 국제사회 및 프랑스를 중심으로," 『환경법과 정책』 제12권(2014. 2. 28), pp. 96-109.

23) 정민재, "전염병, 안전, 국가: 전염병 방역의 역사와 메르스 사태," 『역사문제연구』 제34호, 2015. 10, pp. 532-537.; 이수행, 이은환, 홍성민, 김욱, "AI, 구제역 확산의 쟁점과 대응과제," 『이슈&진단』 No. 272, 2017. 3. 29, pp. 1-6.

24) 박영택, 김재환, "동북아안보복합체의 미성숙 실체와 한반도 안보 역학관계," 『세계지역연구논총』 제36집 2호, 2018, pp. 69-70.

부잔은 '[그림 II-1] 부잔의 확장된 안보개념과 주요 행위자' 에서와 같이 안보개념의 확장이 행위자들에게 중대한 영향을 미침을 전제하였다.

먼저 각각의 안보개념을 살펴보면, 첫째 군사안보는 한 국가가 영토와 영해, 그리고 주권을 내외부의 위협으로부터 방어하는 것으로서 군사력이 핵심요소가 되지만 한 나라의 총체적인 국력이 그 척도를 결정한다. 또한 시대상황에 따른 지역, 역사 그리고 정치적 요소가 반영된다. 지리적 근접성이 중요한 요소이기는 하나 국가 수준이 향상되는 경우 지역안보적 특성을 보인다.

정치안보는 보편적으로 두 개 국가 사이에 형성되지만 동조하는 세력들이 확장되면서 지역적 혹은 체제적 문제로 비화된다. 경제안보는 자유주의적 사고가 작용하는 분야로서 안보의 범위를 규정하는 것이 어렵지만 경제의 범위가 체제에 미치고, 국가는 생존이라는 관점에서 경제를 취급하고 있다. 사회안보는 사회가 복잡하게 변화하고 진화되는 과정에서 발생하는 다양한 문제에서 비롯된다.

부잔은 '빈곤의 악순환과 문화의 충돌' 이라는 관점을 제시하였는데 사회적 문제의 범위는 더 포괄적이라고 할 수 있다. 작금의 시대에는 빈곤으로 인한 계층간의 문제뿐만 아니라 지역발전의 불균형, 기업의 생존문제, 출산율, 학령인구의 감소, 외국인의 유입 문제 등 다양한 문제가 빈발하는 실정이다.

마지막으로 환경안보를 제시하였는데 앞서 살펴본 바와 같이 환경안보는 체제적, 지역적 문제로서 국가를 초월하는 관심사이기도 하다. 이는 대부분의 국가가 산업화 과정에서 소홀하게 생각했던 부분이며 인류의 삶의 개선, 문화적 환경의 개선에 반비례하여 급격한 문제를 낳고 있다. 지구온난화, 플라스틱 등 폐기물의 대량유입에 따른 해양생태계 오염, 방사능 오염에 대한 우려 등 이제 환경문제는 어느 한 국가가 해결할

수 없는 난제로 자리 잡고 있다.[25)]

부잔은 탈냉전기에 들어와 확장되는 안보개념을 구체화하면서 안보의 행위 단위를 그림 [II-1]에서와 같이 구조적인 관점에서 ① 국제체제(international systems), ② 국제하부체제(international subsystems), ③ 소규모 그룹(subunits), 그리고 ④ 단위(units)[26)], ⑤ 개인(individuals)으로 구분하여 분석하였다.

국제체제는 가장 큰 규모의 분석단위로서 체제적 현상을 발생시킨다. 국제하부체제, 즉 지역단위는 일정한 공통점과 연계성을 가지는 단위들

[그림 II-1] 부잔의 확장된 안보개념과 주요 행위자

25) Barry Buzan, Ole Wœver, and Laap de Wilde, Security: *A New Framework for Analysis* (London: Lynne Riener Publisher, 1998).

26) 부잔은 주권을 행사하는 각각의 국가(state)를 주권을 행사하는 또는 국가의 특성을 유지하는 상태로 표현하기보다는 복합체 안의 하나의 구성 단위(unit)로 표현함으로써 안보의 복합체적 이미지를 보여주고 있다, Tuva Kahrs, "Regional Security Complex Theory and Chinese Policy towards North Korea," *East Asia*, 21-4(Winter 2004), p. 64.

에 형성된 구조다. 이를 하부체제는 지역안보복합체를 형성하는 핵심적인 구조로서 일정한 패턴과 단위를 포함하고 있다. 하부체제는 때로는 작은 규모의 하부구조를 갖게 되는데 이를 소규모 그룹이라고 하며 한반도가 그 대표적 사례다. 단위는 국가로서 국제체제, 지역에서 가장 중심적인 역할을 한다. 체제의 속성이 무정부적인 특성에 움직이고 있는데 이러한 특성을 결정짓는 주체가 단위로서의 국가다. 마지막으로 개인은 21세기에 들어와 부각되는 개념인데, 개인의 역량이 단위나 구조에 영향을 미치는 사례가 발생하고 있다.

부잔의 안보개념 확장과 다양한 구조의 제시는 안보를 복합적으로 이해하는 데 유용하며, 비군사적 문제를 안보문제로 포함시키는 데 기여한 바가 크다. 또한 각 구조 및 단위의 관계를 안보적 관점에서 분석하는 틀을 제공하고 있으며, 지역단위의 안보를 성숙/미성숙이라는 관점에서 평가함으로써 지역안보복합체의 안보상태 및 주요 원인을 고찰하는 데 효과적이다. 아울러 국가안보를 분석할 때 관계적이고 상호의존적인 우호/적대와 힘의 분포의 개념을 제공함으로써 보다 동적인 접근이 가능하다.[27]

한편, 부잔은 지역이라는 구조는 복합체적인 성격을 가지고 있다고 주장하고 복합체가 형성되는 일정한 구조와 작동원리를 제시하였다. 먼저 부잔이 설명하는 지역안보복합체를 개관해 보면 '〈표 II-4〉 지역안보복합체 형성의 주요 특징' 으로 요약된다.

---

27) Barry Buzan, People, States, and Fear: An Agenda for International Security Studies in the Post-Cold War Era(London: Harvester Wheatsheaf, 1991), pp. 1, 3, 18-23, 60, 146-147, 153-176.; Barry Buzan, South Asian Insecurity and the Great Power(London: The Macmillan Press Ltd., 1986), pp. 4-5.; Barry Buzan, "Peace, Power, and Security: Contending Concepts in the Study of International relations," Journal of Peace Research, 21-2(1984), p. 124.

〈표 II-4〉 지역안보복합체 형성의 주요 특징[28]

구분	내용
국가/하부체제의 수	- 2개 이상의 국가 및 하부 시스템
안보 요소	- 정치, 군사, 사회(지리적 근접성) - 경제, 환경(체제 영역으로 확장)
복합체 형성 배경	- 지리적 근접성 - 오랜 기간의 역사, 종교, 문화, 이념, 인종 문제 공유 - 이익과 갈등의 상호의존성 심화
경계 판단 요소	- 지리적 근접성 - 안보의 상호의존적 강도(위협과 두려움)
핵심 구조	- 우호/적대의 패턴(적대－무관심/무차별－우호) - 힘의 분포 상태
변화 영향 평가 요소	- 현상의 유지 - 내부적 변화(우호/적대 패턴과 힘의 분포 변화) - 외부적 변화(팽창 및 축소) - 압도(외부 세력의 개입)

첫째, 과연 무엇이 복합체를 형성하는가? 지역안보복합체는 '〈표 II-3〉' 에서와 같이 지리적 근접성이 가장 큰 요인이다. 같은 지역복합체에 속한 국가들은 다양한 경험을 공유하는데 전쟁, 동맹, 통합, 교류 등 다양한 행위뿐만 아니라 정치, 군사, 외교, 사회, 문화 등의 영역에서 많은 경험을 축적하게 된다. 이러한 역사적 및 정서적 공유는 매우 긴밀하고 세밀하여 국가간 혹은 하부 구조간의 관계를 형성하는데 상당한 영향을 끼치게 된다. 동시에 복합체에 속한 국가는 안보적 측면에서도 상호의존도가 매우 크다.

28) 박영택 · 김재환, 위의 논문, p. 71.

둘째, 지역안보복합체는 그 자체의 구조를 포함하여 몇 개의 하부구조가 있다. 각각의 하부구조는 몇 개의 국가군으로 형성되는데 국가간의 동맹이나 체제 등이 유사할 경우 구조로 결집된다.

셋째, 지역이라는 틀에서 가장 두드러진 안보 현상은 지리적 근접성이라고 할 수 있는데 지리적 근접성은 전통적 안보인 정치, 군사, 그리고 사회안보의 주요한 원인이 된다. 그러나 이러한 지리적 근접성은 탈냉전기에 들어와 국가간의 경계가 약해지고 체제적 현상의 영향이 증대됨에 따라 안보영역이 확대되는 경향을 보이고 있다.

넷째, 안보복합체는 일정한 경계를 가진다. 지리적 근접성은 지역을 한정하는데 특정한 지리적 영역에 국한된 국가는 그 지역에서 두드러진 우호와 적대의 패턴을 갖게 되며, 각각의 국가의 안보 관심사가 서로 밀접하게 연관되어 있다. 하나의 안보복합체의 존재를 입증하기 위해서는 서로 다른 국가들 사이에 존재하는 안보적 상호의존의 상대적 강도와 국가 사이의 안보인식을 판단해야 한다. 특히 국가군 사이의 위협과 두려움, 그리고 상대적 무관심과 무차별 등은 경계를 판단하는 중요한 고려사항이 될 수 있다. 또한 복합체 내의 자체적인 안보동학이 존재하는지, 그리고 외부 복합체의 압력이 어느 정도 작용하는지도 중요하다. 이러한 경계 구별을 어렵게 하는 또 다른 요인은 지역 국가들의 힘이 그 자체의 경계를 벗어나기 어려울 정도로 제한적이거나 외부의 강대국이 직접적으로 개입해서 내부의 안보동력을 막고 있는 경우이며, 그리고 모호한 두 개 이상의 복합체가 존재할 때이다.

다섯째, 지역안보복합체는 우호 및 적대의 패턴과 힘의 분포라는 핵심 구조를 가진다. 국가간에 공유하는 오래된 경험은 이웃 국가에 대하여 적대적이거나 우호적인 매우 유동적인 상태를 공유한다. 체제에 이러한 적대 및 우호의 관계를 가진 국가들이 무수하다. 특히 제국주의의 침탈을 경험하거나 독재자의 피해를 겪은 나라의 적대감은 쉽게 치유되지 않는다. 또한 두 국가간에는 상호 신뢰에 의한 우호의 관계가 형성되기도 하는데 국가의 이익이나 안보문제가 복잡한 작금의 시대에 우호의 관계를 지속하기란 쉽지 않다.

마지막으로 지역안보복합체는 항상 변화되는 특성을 가지고 있는데, 현상의 유지보다는 힘의 분포에 변화가 발생할 때 내부적 변화를 겪게 되며, 복합체의 축소나 팽창에 의한 외부적 변화, 그리고 외부세력이 개입하는 압도에 의해 변화가 발생할 할 수 있다.[29)]

2. 동북아안보복합체의 실체와 형성동인 및 특성

가. 동북아안보복합체의 실체

동북아안보복합체는 주요 형성요소인 지리적 근접성, 오랜 기간의 역사 및 문화 등의 경험 공유, 상호 의존성, 적대-우호의 패턴, 힘의 분포상태를 적용해 본 결과 '〈표 II-5〉 동북아안보복합체의 실체와 형성 동인' 에서와 같이 단위 6개국, 하부구조 2개, 그리고 준하부구조인 한반도를 포함하고 있다. 6개의 단위국가는 어떤 모습인가? '[그림 II-2] 동북아안보복합체의 형성과 주요 단위 현황' 은 단위국가의 실체를 보여주고 있는데, 먼저 미국은 GDP 19.36조 달러로서 1위, 국가면적은 9,833,517㎢로서 4위, 인구는 32,662만 명으로 3위, 1인당 GDP는 59,500달러로서 20위이며, 국방비는 GDP의 3.3%이나 세계 1위 수준의 국방력을 유지하고 있다.

중국은 GDP 11.94조 달러로서 2위, 국가면적은 9,596,960㎢로서 5위,

29) Barry Buzan (1991), pp. 166-169, 187-199, 202, 211, 215-221, 245.

〈표 II-5〉 동북아안보복합체의 실체와 형성 동인[30]

구분	내용
단위국가	미국, 중국, 일본, 러시아. 남한, 북한(6개)
하부구조	북방삼각체, 남방삼각체(2개)
준하부구조	한반도－남북한(1개)
형성 동인	- 지리적 근접성(복합안보 작용) - 19세기 이후 적대≥우호의 패턴 지속 - 강대국, 중위국, 빈국의 혼재 - 강력한 군사력 배치 및 지역 패권 경쟁 상태 - 경제적 상호 의존 및 공존 관계 심화 - 중화사상↔대동아공영론↔서구화 등 문화적 혼재 심화 - 초국가적 환경문제 대두: 중국 미세먼지/후쿠시마 핵오염 등

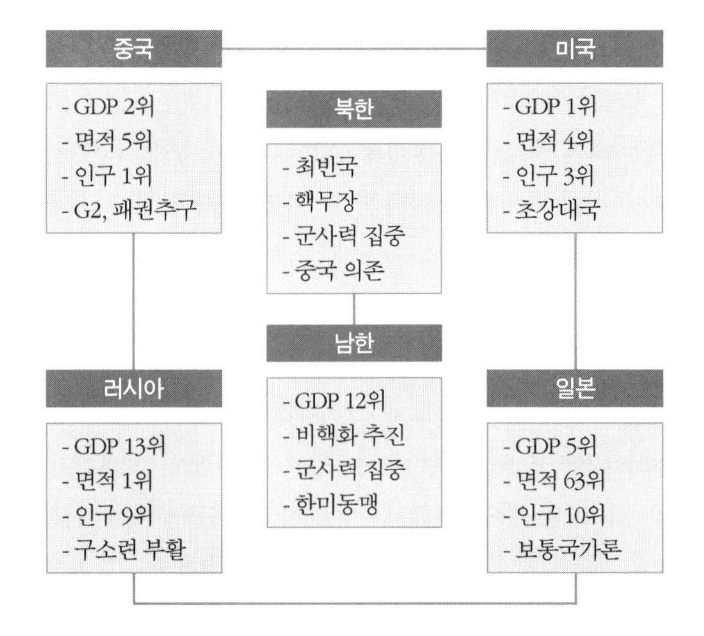

[그림 II-2] 동북아안보복합체의 형성과 주요 단위 현황

30) 박영택, 김재환, 위의 논문, p. 75.

인구는 137,930만 명으로 1위, 1인당 GDP는 16,600달러로서 106위이며, 국방비는 GDP의 1.9% 이다. 구매력 수준으로는 중국이 GDP 1위에 있으며, 최근에는 미국과 무역전쟁을 하고 있는 상태로서 미국의 패권에 도전하고 있다.

일본은 GDP 5.41조 달러로서 5위, 국가면적은 377,915㎢로서 63위, 인구는 12,645만 명으로 10위, 1인당 GDP는 42,700달러로서 41위이며, 국방비는 GDP의 0.93%이다. 일본은 2차 세계대전을 치른 나라로서 그 잠재력이 크고, 세계의 주요기구에서 영향력이 지대하다.

러시아는 GDP 1.469조 달러로서 13위, 국가면적은 17,098,242㎢로서 1위, 인구는 14,225만 명으로 9위, 1인당 GDP는 27,900달러로서 71위이며, 국방비는 GDP의 5.3%이다. 러시아의 군사력은 미국을 견제하는 수준이며, 옛 소련의 영화를 꿈꾸는 국가다.

이러한 주변 4강에 둘러싸인 한반도는 주변 4강의 패권경쟁과 군사적 영향력에 놓여 있는데, 남한은 GDP 1.53조 달러로서 12위, 국가면적은 99,720㎢로서 110위, 인구는 5,118만 명으로 27위, 1인당 GDP는 39,400달러로서 45위이며, 국방비는 GDP의 2.7%이다.

북한은 GDP 280억 달러, 국가면적은 120,538㎢로서 100위, 인구는 2,524만명으로 51위, 1인당 GDP는 1,700달러로서 214위이다. 북한의 중국 의존도가 심각한 상태로서 북한의 제반문제에 대한 중국의 영향력이 심각한 수준이다.[31]

각 국의 국방비 현황은 '〈표 II-6〉 동북아시아 국가의 최근 국방비 현황(백만 달러)' 와 같다.

31) 북한을 제외한 국가의 자료는 2016-2017년 기준, 북한의 GDP는 2013년, 1인당 GDP는 2015년 기준이다; CIA, World Factbook, 국방비 비율은 SIPRI Military Expenditure Database 참조(검색일자: 2018년 9월 16일).

〈표 II-6〉 동북아시아 국가의 최근 국방비 현황(백만 달러)

구분	2013	2014	2015	2016
미국	610,636	596,010	606,233	611,186
중국	200,915	214,093	225,713	215,176
일본	41,159	41,103	41,569	46,126
러시아	61,622	66,419	70,345	69,245
남한	34,954	36,433	37,265	36,777
북한	–	–	–	–

*출처: SIPRI Military Expenditure Database(검색일자: 2018년 9월 16일).

나. 동북아안보복합체 형성 동인과 특성

동북아안보복합체는 '〈표 II-5〉' 에서와 같이 지리적 근접성(복합안보 작용), 적대≥우호의 패턴 지속, 강대국 · 중위국 · 빈국의 혼재, 강력한 군사력 배치 및 지역 패권 경쟁 상태, 경제적 상호 의존 및 공존 관계 심화, 중화사상 · 대동아공영론 · 서구화 등 문화적 혼재 심화, 그리고 초국가적 환경문제 대두 등 7개의 동인에 의해 형성되었다.

첫째, 지리적 근접성은 지역내의 복합적 안보상황을 유발하는 가장 중요한 요인이다. 동북아지역에는 앞의 절에서 설명한 바와 같이 동북아의 국가는 GDP, 인구, 군사력 수준에서 세계의 평균 수준을 능가하고 있으며, 국력이 나날이 신장되는 국가들로 구성되어 있다. 특히 한반도를 중심으로 볼 때, 주변 4국은 한반도뿐만 아니라 동북아에서 영향력을 강화하기 위해 끊임없이 노력하고 있다. 이러한 움직임은 동북아 국가간의 역학관계를 형성케 하는 원인이 된다. 한 · 미 · 일은 자본주의 진영으로서 외형상 삼각공조 상태인데, 한국은 미국과는 동맹이지만 일본과는 잠재적 적국이라고 할 수 있다. 북 · 중 · 러는 예전의 공산주의 진영으로서 삼각공조를 유지하고 있는데, 북한과 중국은 동맹상태이고, 중국과 러시아는 미국을 견제하기 위하여 전략적 우호관계를 맺고 있다. 강대국들의 역학관계를 보면 미국과 중국이 패권대립상태이고, 러시아와 일본, 그리고 미국과 러시아도 잠재적 적국상태라고 할 수 있다. 그 중에서도 한반도가 가장 역학적으로 복잡한데 남북한이 체제 및 군사적 대립상태를 유지하고 있다.

둘째, 동북아의 국가들은 '〈표 II-7〉 동아시아의 주요 사건(19-20세기)'에서 보는 것처럼 18세기 이후 격동하는 세계정세 속에서 심각한 적대/우호의 관계를 경험하였다. 이 시기에는 동아시아의 전통적인 질서가 크게 흔들리고, 열강이 동아시아를 두고 패권전쟁을 일으켰으며, 1,2차 세

〈표 II-7〉 동아시아의 주요 사건(19-20세기)

주요 사건	내용	파급 범위		
		체제	동북아	한반도
1, 2차 아편전쟁	영국·프랑스·러시아가 개입한 전쟁, 난징·텐진·베이징조약 체결, 아편무역 합법과 개항 등	o	o	o
청일수호조규	영토보전과 상호원조를 규정, 대등조약 성격		o	o
일, 대만 침공	자국민 살해를 이유로 3000명 출병, 청의 굴복		o	
강화도 사건	일 군함 운요호의 공격, 조일수호조규 체결		o	o
청일전쟁	동학혁명 계기, 청일 개입 및 전쟁 초래		o	o
러일전쟁	양국이 약 1년 6개월간 한반도·만주에서 격돌	o	o	o
일제 한국병합	대한제국을 일본에 병합, 순종 퇴위		o	o
신해혁명	삼민주의를 내세운 신군 혁명, 쑨원 추대, 실패		o	
1차세계대전	유럽지역에서의 대전, 독일의 패배로 전쟁 종결	o		
2차세계대전	독일·이탈리아·일본과 중국·미국·영국 간의 전쟁	o	o	o
국공내전	국민당과 공산당이 연합한 항일 전쟁		o	o
6.25전쟁	북한의 기습남침으로 발발, 남북 분단 고착		o	o

계대전을 겪으면서 냉전구도가 형성되는 다양한 사건들이 발생하였다. 서구 열강의 물결이 동아시아로 밀려들면서 발생한 가장 큰 사건은 아편전쟁이었다.

영국은 인도의 차를 수입하고 청에 아편을 파는 삼각무역을 하였다. 청은 아편무역으로 200만 명에 달하는 중독자와 무역역조를 차단하기 위해 영국의 아편무역을 단속하였는데 이를 빌미로 영국이 1840년에 전쟁을 개시하였고 청이 굴복하였다. 이후 서양에 대한 반감이 고조되는 등 갈등이 증폭되다가 1858년에 프랑스까지 가세한 제1차 아편전쟁이 발생하였고, 청은 또다시 굴복하였다.

러시아도 청과 이 전쟁에 개입하였는데 수차례의 전쟁 이후 청은 위의 국가들과 굴욕적인 조약을 체결하였다. 일본도 개국을 강요당했으며, 1854년 미국 및 영국, 1855년 러시아, 그리고 1856년 네덜란드와 화친조약을 맺었고, 20년의 기간을 거치면서 천황 중심의 신정부가 출범하고 메이지 시대를 맞았다. 이 시기에 서구열강의 조선침략도 본격화되었다.

일본은 1870년도에 들어 청과 서양들이 맺었던 조약처럼 대등한 관계의 조약의 체결을 요구하였는데 동아시아 지역에서 처음으로 책봉－조공 관계가 깨진 조약이다. 일본은 1874년에 대만을 침공하였고, 청 또한 군제개혁이 여의치 않은 상태에서 일본에 굴복하는 협상을 하였다. 1875년과 1876년의 강화도 사건과 조일수교는 일본이 강화도에 침범하고 이를 이유로 개항을 요구한 사건과 그 결과물이다. 일본은 일본 화폐 유통, 미곡 수출입 자유, 그리고 일본 상품 무관세 등을 추진하였다.

조선의 몰락이 시작된 이후 1862년 무렵에 발생한 동학혁명은 청과 일본의 군사개입을 유발하였고, 1894년 일본의 선전포고로 청일전쟁이 시작되었는데, 병력이 우세한 청이 동원능력과 기동능력에서 열세를 보여 패배하였다. 청일전쟁의 결과는 일본의 조선지배의 시작이었으며, 조선내의 열강의 간섭이 더욱 복잡해진 계기가 되었다. 친러세력과 친일세력 간의 반목은 결국 명성황후가 참살되는 을미사변으로 이어졌다.

20세기에 들어와 동북아 정세는 열강의 간섭으로 더욱 복잡하게 전개되었는데, 1900년에 영국 · 러시아 · 프랑스 · 미국 · 일본 · 이탈리아 · 독일 · 오스트리아의 8개국 연합군이 베이징을 함락시켜 중국을 분할 점령하였고, 중국은 전쟁보상금 지급 등으로 경제적 수준 및 국제적 위상이 급락하였다.

1904년에는 한반도 및 동북아의 지배권을 두고 대립하던 일본이 러시아와 전쟁을 일으켰는데 전장이 한반도와 만주였으며, 일본은 조선을 군사기지화 및 병참기지화로 활용하였다. 만주에서도 수많은 중국인이 희생되거나 강제노역에 시달렸다. 전쟁은 일본의 승리로 끝났으며, 전쟁 이후 일본은 조선의 지배권을 강화하였으며, 강제로 1905년에 을사조약을 체결하였고, 통감부 설치를 통해 조선에 대한 지배권을 강화하였으며, 만주에 대한 영향력도 확대하였다.

1910년 8월 22일 일본의 데라우치 마사타케 통감과 이완용 총리대신이 한국병합조약을 체결하였다. 1911년 신해혁명으로 중국내에서 쑨원과 위안스카이가 대립하는 상황이 발생하고 결국은 청나라가 멸망한다. 일본은 제1차 세계대전으로 발생한 서구의 공백 등 외적 조건의 변화를 활용하여 1915년 중국에 다양한 요구를 하였으며, 마침내 산둥반도를 점령하였다.

1914년부터 1918년에 벌어진 제1차 세계대전은 열강의 제국주의가 충돌하여 벌어진 전쟁으로 유럽이 화약고로 변하였으며, 아시아도 점차 갈등이 증폭되는 지역으로 변하였다. 1917년 러시아에서의 사회주의 혁명, 1919년의 3.1운동과 중국의 5.4운동으로 동북아는 격동기를 맞이하였고, 1929년의 세계적인 대공황 이후 일본의 군국주의는 1931년에 만주사변을 일으켰으며, 1937년에 중국대륙 침략을 구체화하였다. 일본이 동아시아에서 제국주의적 행태를 보이면서 벌인 대규모 전쟁의 와중에 중국도 마오쩌둥에 의한 공산화로 격변을 겪는 동안 제2차 세계대전이 발발하였고, 일본의 패퇴로 이어졌다.[32)]

동북아 국가간의 적대/우호 관계는 〈표 II-7〉에서와 같이 체제, 지역, 그리고 한반도를 비롯한 해당 국가지역에서 발생한 역사적 사실이 축적되어 발생하였다. 따라서 국가간의 관계는 부침을 거듭하면서 앞에서 언급한 현재의 관계를 형성하는데 전쟁을 통한 인명손실, 한일합방과 같은 국가주권의 상실, 서구열강에 난도질당한 중국의 국민적 자존심의 심각한 손상, 그리고 국가 발전의 저해 등을 우호에서 적대로 바뀌는 것을 경험하였다.

이와 반대로 적대국인 미국이 중국과 한국의 독립에 기여하고 한중 및 한러수교, 미중 핑퐁외교, 강대국간의 데탕트와 군비감축, 탈냉전기 이후 국제적 평화에 대한 인식공유 및 노력, 그리고 경제교류의 확대 등을 거치며 체제가 다른 국가들이 국익을 위해 서로 적대에서 우호의 관계로 변화되는데, 복합적 안보 인식이 중요한 동인이라고 할 수 있다.[33)]

동북아안보복합체의 세 번째 형성동인은 단위 국가들이 보유한 강력한 군사력의 대립 및 패권경쟁관계의 심화다. '〈표 II-6〉 동북아시아 국가의 최근 국방비 현황(백만 달러)' 에서 보는 것처럼 최근 국방비는 세계수준을 훨씬 상회하는데, 강력한 군사력의 유지 및 확장에 사용되고 있

32) 한중일3국공동역사편찬위, 『한중일이 함께 쓴 동아시아 근현대사 1,2』(서울: 휴머니스트, 2007).; 미타니 히로시 외, 『다시 보는 동아시아 근대사』(서울: 까치, 2009).; 새뮤얼 킴, 『한반도와 4대 강국』(서울: 한울, 2006).

33) 유바다, "갑신정변 전후의 청 · 일의 조선보호론 제기와 천진조약의 체결," 『역사학연구』제66집(2017.05).; 김주삼, "아편전쟁과 동아시아 근대화과정에서 나타난 중 · 일의 대응방식 분석," 『아시아연구』제11권 제3호(2009.3), pp. 77-105.; 정영순, "임진왜란과 6.25전쟁의 비교사적 검토," 『사회과교육』 51권 4호, 2012, pp. 1-14.

다. 2016년도에 미국이 6,111억 달러, 중국이 2,151억 달러의 국방비를 사용하고 있고, 러시아 692억 달러, 일본 461억 달러, 그리고 한국도 367억 달러를 투입함으로써 주변국을 상호 자극하고 있다.[34] 특히 중국은 미국의 패권에 대응하기 위하여 국방체제를 효율적으로 정비하고 첨단전력을 갖추는 데 주력하고 있다.[35]

그러나 제반 국방력의 비교와 무관하게 가장 위험 수위가 높은 곳이 한반도다. 병력면에서 남한이 62.5만 명(예비병력 310만 명)이며, 북한은 128만 명(예비병력 762만 명)이다. 주요 전력 면에서도 남한은 육군 12개 군단, 43개 사단, 15개 기동여단, 전차 2,400여 대, 장갑차 2,400여 대, 유도무기 발사대 80여 대, 전투함정 110여 척, 잠수함정 10여 척, 전투기 410여 대, 헬기 690여 대 등의 수준을 유지하고 있다. 북한은 육군 17개 군단, 82개 사단, 74개 기동여단, 전차 4,300여 대, 장갑차 2,500여 대, 다련장/방사포 5,500여 문, 유도무기 발사대 100여 기, 전투함정 430여 척, 잠수함정 70여 척, 전투기 810여 대, 헬기 290여 대 등을 보유하고 있다.[36]

넷째, 동북아안보복합체 내의 경제적 상호의존 및 공존관계가 심화되고 있다. 이미 언급한 바와 같이 단위 국가들의 GDP규모는 북한을 제외하고 미국 1위, 중국 2위, 일본 5위, 러시아 13위, 그리고 한국이 12위다. 경제적 의존도의 심화는 경제적 이익을 공유하고 상호 보완을 의미하기도 하지만 최근의 미중무역 전쟁에서 보는 것처럼 상호 공격의 수단이 되

34) 주요 전력은 미군 병력은 138만 명, 육군 10개 사단과 45개 여단, 전략핵잠수함 14척, 항모 10척, 전략폭격기 157대, 중국은 병력 233만 명, 육군 23개 사단과 128개 여단, 전략핵잠수함 4척, 항모 1척, 러시아는 병력 79만 명, 전략핵잠수함 13척, 항모 1척, 전략폭격기 139대, 일본은 병력 24만 명, 잠수함 18척 등이다, 국방부, 『국방백서 2018』(서울: 국방부, 2018), pp. 240-241.

35) 김주삼, "G2체제에서 중국의 군사전략 변화양상 분석," 『대한정치학회보』25집 2호, 2017년 5월, pp. 131-135.

36) 국방부, 위의 책, p. 244.

〈표 II-8〉 동북아시아 국가의 주요 수출입 상대국 및 규모(%)[37]

구분	주요 수출국	주요 수입국
미국	캐나다(19.3), 멕시코(15.9), 중국(8), 일본(4.4)	중국(21.1), 멕시코(13.4), 캐나다(12.7), 일본(6), 독일(5.2)
중국	미국(18.2), 홍콩(13.8), 일본(6.1), 남한(4.5)	한국(10), 일본(9.2), 미국(8.5), 독일(5.4), 호주(4.4)
일본	미국(20.2), 중국(17.7), 남한(7.2), 홍콩(5.2)	중국(25.8), 미국(11.4), 호주(5), 남한(4.1)
러시아	네덜란드(10.5), 중국(10.3), 독일(7.8), 터키(5)	중국(21.6), 독일(11), 미국(6.3), 프랑스(4.8), 이탈리아(4.4)
남한	중국(25.1), 미국(13.5), 베트남(6.6), 홍콩(6.6), 일본(4.9)	중국(21.4), 일본(11.7), 미국(10.7), 독일(4.7)
북한	중국(85.6)	중국(90.3)

*출처: CIA, World Factbook(검색일: 2018년 9월 20일)

기도 한다. '〈표 II-8〉 동북아시아 국가의 주요 수출입 상대국 및 규모(%)' 는 단위 국가들간의 경제적 상호관계를 보여주고 있는데 중국의 상호영향력의 증대를 의미한다.

국가별로 경제적 상호관계를 살펴보면, 먼저 미국은 작용이 증가되거나 심화되고 있으며, 중국의 경제적 성장과 확장이 다른 국가들과의 수출 및 수입 관계를 심화시킨다는 것을 알 수 있다. 특히 중국은 수출에 있어서 모든 국가에서 1위를 차지하고 있는데, 각국의 대중국 수출 및 수입을 보면, 미국은 18.2/8.5%, 일본은 6.1/9.2%, 한국은 4.5/10%의 비중을 차지하고 있다. 러시아의 중국 의존도도 커지고 있는데, 수출의 10.3%와 수입의 25.8%를 중국에 의존하고 있다. 남한의 대중국 경제관계도 심화

37) 박영택, 김재환, 위의 논문, p. 77.

되고 있는데 수출의 25.1%, 수입의 21.4%를 차지하고 있다.

가장 주목해야 할 대목은 북한 경제의 중국 종속이다. 북한은 수출의 85.6%, 수입의 90.3%를 중국에 의존하고 있다. 미국은 지리적 근접성은 없으나 그 정치 · 경제 · 군사 · 외교 분야의 영향력이나 활동범위 때문에 동북아안복합체에 깊이 관여하고 있다. 러시아는 유럽 국가로 분류되기도 하지만 극동 및 시베리아 지역에서 지역경제와 관련성이 증대하고 있다.

다섯째, 동북아안보복합체의 또 다른 형성 동인은 문화적 동질화와 분화가 오랜 기간 이어져 왔다는 점이다. 중국의 공산화 이전에 형성된 중화사상은 아시아는 물론 전 세계에 걸쳐 퍼져 나가고 있다. 최근에 중국은 '[그림 II-3] 중국의 일대일로지도' 에서 보는 것처럼 경제적 성장을 발

[그림 II-3] 중국의 일대일로 지도[38]

38) 박정수, "중화민족주의와 동아시아 문화 갈등: 역사와 문화의 경계짓기," 『국제정치논총』 제52집 2호, 2012, pp. 69-87.

판으로 유럽에 이르는 실크로드 경제벨트와 바닷길을 이용하여 역시 유럽에 도달하는 21세기 해상 실크로드를 추진하고 있다. 특이한 점은 중국이 해외로 진출하면서 중국의 국민과 문화를 동시에 진출시킨다는 점이다. 중국의 문화적 야심이 드러난 것은 한족 중심의 민족주의에 바탕을 둔 '공정' 이다. 특히 중국이 2002년부터 한반도와 관련하여 추진하는 동북공정은 만주를 중심으로 하는 고구려 · 발해 · 고조선이 중국의 변강국가라는 논리를 내우고 있다. 동북공정은 중국사에 한국의 고대역사를 편입시키려는 의도로서 문화적 갈등의 중요한 원인이다.[39]

동북아에서는 중국의 이러한 성향 때문에 자연스럽게 다른 국가의 문화에 영향을 미치게 된다. 일본은 이에 대하여 제국주의 시대에 대동아공영권을 주창하며 일본식 문화의 확산을 추진한 바 있다. 또한 19세기말에 열강의 아시아 진출과 더불어 침투된 서구문화는 21세기에 들어와 광범위하게 펴지고 있다. 이러한 문화의 혼재는 동아시아의 문화적 복잡성을 증대시켰는데, 문화가 단위국가간의 경계가 약화되는 글로벌시대에 적합한 분야로서 지역의 정체성을 정립하고 각각의 단위의 문화도 국가들을 연결하는 매개체로 작용될 수 있다는 점과[40] 현실에서는 문화분야에서도 자국중심주의가 팽배한다는 점에서[41] 국가간 그리고 국민간의 감정이나 이해관계를 심화시키는 데 기여하고 있다.[42]

동북아안보복합체의 마지막 형성동인은 환경오염의 초국가화다. 환경문제는 동북아안보복합체에서는 개념이 모호한 분야로서 생태계의 파

39) 「연합뉴스」, "중국 육상 · 해상 실크로드 '일대일로'," 2016년 1월 21일자.

40) 원용진, "동아시아 정체성 형성과 한류," 『문화와 정치』 제2권 제2호, 2015, pp. 5-22.

41) 서구적 시각이라는 것은 아시아 혹은 동아시아라는 개념이 서구에 의해 만들어졌으며, 서양의 시각에 의해 동양의 사회와 문화가 평가되고 있다는 의미다, 김귀옥 (2012), pp. 150-155.

42) 김귀옥, "글로벌시대 동아시아 문화공동체, 기원과 형성, 전망과 과제," 『한국사회학회 사회학대회논문집』(2012. 12), pp. 147-149.

괴 · 에너지 문제 · 인구증가 및 식량 등의 경제문제와 관련되어 있다. 부잔이 주장한 바에 의하면, '환경안보는 경제주체와 지역차원의 협력이 필요한 문제로서 전지구적 문제인 데도 지역적 문제로 전락한 상태이며, 정치력과 단위국가들의 협력이 쉽지 않다는 것' 이라고 하였다.[43] 중국의 경제적 성장은 월경성을 가진 산성비 및 황사 등의 문제를 심화시켰으며, 지역의 환경문제를 야기하고 있다. 중국의 환경문제는 국가적 인식의 부족, 경제우선주의와 에너지 구조의 취약성, 방대한 인구와 빈곤문제 등 복합적 상황이 작용한 결과로서, 중국 국민들의 생명을 위협할 뿐만 아니라 주변국들에게도 환경적 재앙을 일으킬 수 있다.[44]

한편, 2011년에 발생한 후쿠시마 원전사태도 지역국가간의 갈등을 초래한 바 있다. 2013년 9월 한국 정부가 후쿠시마 원전의 오염수 통제 부실을 이유로 일본수산물 수입금지 조치를 취하였는데, 일본은 과학적 근거가 부족하다는 이유로 WTO에 제소하였고, 2018년 2월 23일의 1심에서 한국이 패소하였다.[45] 특히 한국, 중국, 일본은 환경 및 에너지 측면에서 운명을 같이하고 있으므로 상호간의 긴밀한 협력이 필요한 상태다. 따라서 유엔환경계획(UNEP: UN Environment Programme)[46] 등과의 협력과 제도 및 법적 대책을 마련하는 것이 필요하며, 향후 동북아의 평화와 유기적인 관계형성을 위하여 정부 · 도시 · 기업간의 협력과 교류를 활성

43) Barry Buzan, Ole Wœver, and Jaap de Wilde (1998), pp. 74-75, 91-92.

44) 원동욱, "중국 환경문제에 대한 재인식: 경제발전과 환경보호의 딜레마," 『환경정책연구』 제5권 1호, 2006, pp. 49-55.

45) 세슘과 요드는 휘발성이 높아 확산되기 쉽다. 수용성으로서 체내에 흡수가 잘 되는 세슘은 불임, 전신마비, 폐암 등 각종 중병을 유발하고, 요드는 신진대사 오류, 만성피로, 전신피로, 갑상선 이상 등을 초래한다고 알려지고 있다, 강민지, "한국의 일본 수산물 금지조치 법적 검토," 『법학연구』 제23권 제4호, pp. 299-301.; 조공장 외, "원전사고 대응 재생계획 수립방안 연구(1): 후쿠시마 원전사고의 중장기 모니터링에 기반하여," 『KEI 사업보고서』 2016-11, pp. 112-113.

46) 1972년 설립되었으며, 나이로비에 본부가 있다. 환경, 지상 및 수중 에코시스템, 환경 정책 통제, 환경과학 전파 등을 다룬다.

화시켜야 할 것이다.[47]

다. 동북아안보복합체의 특성

동북아안보복합체는 어떠한 특성을 보여주고 있는가? 동북아안보복합체는 형성동인에서 살펴본 바와 같이 지리적 근접성에 기반하나 EU와 비교해 볼 때 불안정성이 높고, 단위 국가들간에 이루어낸 안보적 성과도 부족하다. EU는 이미 공동체를 형성하고 안보레짐을 구축한 상태인데 반하여, 지역국가들은 비록 아세안지역안보포럼(ARF: ASEAN Regional Forum), 동아시아정상회의(EAS: East Asia Summit), 아세안확대외무장관회의(ASEAN PMC) 등의 협의체와 아시아태평양경제협력체(APEC) 등이 존재하나 지역의 복합적 안보문제를 해결하기에는 역부족인 상태를 해결하지 못하고 있다. 오히려 국가들간의 갈등 요인이 산재하고, 패권을 추구하고 체제가 다른 강대국들간의 이해가 충돌하여 항상 갈등과 분열의 조짐이 팽배한 상태다.

더욱이 한반도는 북한의 핵무장과 남북한 간의 군사적 긴장이 상존하고 있어서 지역갈등의 불씨가 되고 있다. 이러한 현상에 의하여 동북아안보복합체는 불안정한 진영의 대립, 지역 정체성[48]의 미정립, 우호의 경험 부족, 그리고 체제와 지역단위의 역할 및 문제의 혼재 등 4가지의 뚜렷한 특징을 가지고 있는 것으로 분석된다. 현재의 모습은 부잔이 말하는 미성

---

47) 이수철, "일본의 초미세먼지 대책과 미세먼지 저감을 위한 한중일 협력," 『자원환경경제연구』 제26권 제1호, pp. 71-82.

48) 역사가 슈말레(Wolfgand Schmale)는 정체성을 "개인이나 집단의 자기규정, 공동의 현실인식과 가치결정의 기초로서 개인이나 집단의 행동을 위한 준거틀 혹은 방향성의 기준으로 작용"하는 것이라고 정의, 신종훈, "유럽정체성과 동아시아공동체 담론," 『역사학보』 제221집(2014. 3), p. 228.

숙 상태다.[49]

첫째, 동북아안보복합체는 '〈표 II-9〉 남방삼각체(한 · 미 · 일)과 북방삼각체(북 · 중 · 러)의 특징 비교' 에서 보는 것처럼 그 특징이 매우 다른 두 개의 하부구조가 대립하고 있어서 불안정성이 상존하고 있다. 두 개의 복합체는 1, 2차 세계대전 및 6.25전쟁을 거치면서 형성되었는데, 남방삼각체는 1953년 10월의 '한 · 미상호방위조약', 그리고 1951년 미국의 '대일 안전보장조약' 및 1960년 6월의 '미 · 일 상호협력 및 안전보장 조약'과 1978년 11월의 '미 · 일방위협력지침' 을 계기로, 북방삼각체는 1961년 7월 '조소 · 조중 우호 협조 및 상호원조조약' 을 계기로 형성되었다.[50]

두 개의 하부구조는 태생적으로 대립구도를 형성하고 있는데, 사회주의권의 확산이 심화된 냉전기를 거치면서 더욱 대립이 가중되었으며, 탈냉전 이후에도 그 양상이 크게 변화되지 않았다. 작금의 상황을 보면 미

〈표 II-9〉 남방삼각체(한 · 미 · 일)과 북방삼각체(북 · 중 · 러)의 특징 비교

남방삼각체	북방삼각체
- 자본주의 체제와 민주주의 성숙	- 사회주의 체제적 동맹권
- 미국 주도의 경제 및 군사관계 밀착	- 중 · 러의 동맹 강화, 중국의 주도
- 북한문제의 위협 인식, 해결에 적극적	- 북핵문제 인식, 해결에 소극적
- 국민정서 · 문화공유 · 밀착도 보통	- 대미대응 · 체제유지 · 제재회피 공동전선
- 경제적 강점 보유	- 경제 분야 중국 의존도 심화
- 단 기간의 동맹 역사	- 체제적 역사 공유
- 사회적 안정, 지속적 발전 가능성	- 내부의 불안정성 증대, 변화 가능성
- 강력한 군사력 억제 능력 보유	- 군사력 증대 도모, 공세적 태도

49) Barry Buzan, Ole Wœver, and Laap de Wilde (1998), p. 62.; 이원우 (2013), pp. 253-255.

50) 김보미, "중소분쟁시기 북방삼각관계가 조소 · 조중동맹의 체결에 미친 영향(1957-1961)," 『북한연구학회보』 제17권 제2호, pp. 193-195.; 박종철, "중소분쟁과 북중관계(1961-1964년)에 대한 고찰," 『한중사회과학연구』 제9권 제2호(통권 20호), pp. 54-56.

중간의 무역전쟁에 러시아가 중국의 편을 들고 대북제재 문제에 있어서도 북한의 편을 드는 것을 사례로 들 수 있다. 이러한 대립구조는 체제에서의 패권경쟁이 한 원인인데, G2를 계기로 부상하는 중국을 견제하려는 미국의 의지가 강력하기 때문이다. 러시아는 옛 소련의 영화를 구현하고자 하는 노력을 전개하며 중국과의 소위 bromance를 표출하고 있다.

한편 미국의 트럼프 대통령이 촉발한 미 · 중간의 경제마찰은 하부구조간 대립의 심화와 체제 차원의 불안정을 초래하는 일로서 우려되는 일이다. 현재의 상황은 무역전쟁의 양상이지만 모델스키의 장주기론에서 주장한 비정통화와 탈집중화의 진행 상황을 연상케 한다.[51)]

또한 2014년 러시아의 크리미아반도 점거와 2016년 미국의 선거 개입 등을 상호 대립관계에 있는 두 개의 삼각체의 특징을 살펴보면, 남방삼각체는 자본주의 진영으로서 한미일 삼각공조를 이루고 있는 상태다. 3국 공히 자본주의 체제와 민주주의가 공고하다. 남방삼각체는 서방과 여타 태평양 국가들과의 협력을 주도하고 있으며, 북핵문제 해결을 동북아 평화의 선결문제로 인식하고 있다. 3국은 경제적 성장이나 국민들의 삶의 발전이 지속되는 상태이나 국민정서와 문화적 측면에서는 각각의 개성을 유지하고 있는 편이다. 또한 공통적으로 사회가 안정되어 있으며 북방삼각체의 군사적 위협에도 충분히 대비하고 있다.

---

51) 조지 모델스키의 장주기론은 세계대전이 약 87-122년간의 주기로 발생한다는 이론으로서 이러한 체제의 주기적인 환경변화, 특히 패권의 향방 및 지도자들의 행위를 주요 동인으로 제시하였다. 모델스키는 각 시대에서 정치적 재화 및 안보를 독점하는 국가(world power)로서 16세기의 포르투갈, 17세기 네덜란드, 18-19세기 영국, 그리고 2차 대전 이후 미국의 패권 상황을 묘사하고 있는데, 이러한 패권이 비정통화(delegitimation) → 탈집중화(deconcentration)의 단계를 거쳐 세계대전을 일으킨다는 주장을 하고 있다. 중국의 경제적 부상은 체제내의 다극화와 함께 미국의 영향력에 도전하는 모습으로서 탈집중화의 한 단면으로도 판단된다, George Modelski, Long Cycles in World Politics (London: Macmillan, 1988); George Modelski, "Is World Politics Evolutionary Learning? " International Organization, 44-1(Winter 1990), pp. 1-24.

이에 반하여 북방삼각체는 구공산주의 진영의 이미지를 보이고 있는데, 미국과 서방의 압박과 제재에 공동으로 대응하는 양상이다. 특히 북핵문제에 있어서 안보리 상임이사국인 중국과 러시아가 공동으로 대응하고 있는데, 북한의 배후 역할을 하고 있다는 의심을 받고 있다. 3국 공히 사회적 불안 요인이 산재하고 있는데 이에 대한 외부의 대응에도 민감한 편이다. 북방삼각체는 중국의 경제적 성장에 러시아가 의존하고, 북한이 종속되어 있는 상태인 바 중국의 주도가 지속될 전망이다. 북방삼각체는 군사적으로 남방삼각체에 대응하고 있어서 지역내의 안보 불안을 가중시키고 있다.

둘째, 동북아지역 국가의 정체성이 모호하다. 범위를 동아시아로 확대해 보면 동아시아의 정체성 문제는 서구의 시각이 아닌 아시아의 시각으로 제반 분야를 해석하자는 입장으로 귀결된다. 동아시아의 지역적 특수성을 중심으로 대내외 문제를 해석하려는 접근을 동아시아 담론이라고 하는데 서구적 근대화 및 서구중심에 대한 지나친 반성과 비판, 자아도취적 평가, 무리한 지역질서 구축 시도 등이 쟁점화되고 있다. 이에 대한 해결책으로 EU와 같은 동아시아공동체론이 제기되고 있다. 이러한 담론의 핵심 쟁점은 지역간 및 국가간 이질성의 존재, 지향성의 문제, (중국과 일본 등의) 자국 우선주의 등이며, '아시아적인 평화, 아시아적인 모습'을 상정하고 있다.[52]

이러한 관점에서 보면 북미 국가인 미국과 유럽국가인 러시아의 존재 때문에 지리적 근접성에 따른 공통분모가 희미해지게 된다. 지리적 근접성은 정치 및 군사안보라는 핵심이익과 관련되어 있는데 이들 국가들은

52) 박민철, "한국 동아시아담론의 현재와 미래," 『통일인문학』 제73집(2015. 9), pp. 136-151.; 신종훈 (2014), pp. 250-255.; 조정원, "일본의 동아시아 지역공동체 구상: 대동아공영권과 동아시아 공동체의 비교를 중심으로," 『동북아문화연구』 제20집(2009), pp. 475-490.; 권소연, "동아시아 지역 정체성 만들기," 『동북아시아문화학회 국제학술대회 발표자료집』(2016-7), pp. 30-41.

생존의 문제에서 위협의 강도가 다를 수 있다. 또 다른 문제는 2차 세계대전 이후 동아시아의 국가들이 걸어온 역사적 과정을 공유하지 못했다는 점이다. 제국주의 전쟁의 가해자였던 일본에 대한 법적 규제나 보상이 승전국에 의해서만 진행되었으며, 피해국인 한국과 중국 등의 참여가 없었다. 동아시아에서는 전후처리와 지역의 구조적 평화 구축 등의 문제보다는 피해국의 복구나 독립에 매진하였고, 연이어 벌어진 중국의 내전과 남북한 분단 등으로 전범국가인 일본의 처리가 미흡하였다고 할 수 있다. 경제적 측면에서도 미국주도의 서방에서는 일본의 재건이 관심사였고, 동시에 미 · 소의 냉전체제가 시작되면서 적대적 진영이 형성됨으로써 아시아로서의 정체성 정립이 여의치 않았다.[53)]

셋째, 동북아시아 국가간의 우호의 경험이 현저히 부족하다는 것이다. 단위국가들은 19-20세기를 거치면서 서구 열강의 이익을 충족하는 표적이 되었으며, 제대로 대응하지 못하고 근대를 맞이하였다. 〈표 II-7〉에서 보는 것처럼 동아시아는 끊임없이 침략당하고 정복되어 스스로의 역사를 개척하지 못했다. 제국주의 세력에게 힘없이 무너져 왕조의 몰락을 맞이하였으며, 원치 않는 전쟁에 휩쓸리어 막대한 인명의 손상과 경제적 피해를 감수해야 했다. 중국과 러시아의 공산화, 남북분단에 이은 북한의 공산화와 6.25전쟁은 지역 국가간의 적대적 관계를 더욱 심화시켰다. 동북아지역은 위와 같은 역사적 경험 때문에 체제갈등의 지속, 전쟁의 위험성 증대, 민족감정의 심화, 그리고 패권경쟁에 몰입하는 강대국으로 인하여 불안정성이 해결될 기미가 보이지 않고 있다.

마지막으로 동북아안보복합체는 체제, 지역, 그리고 하부구조내의 문제가 서로 혼재되어 있는 양상을 보이고 있다. 이러한 현상은 지역문제는

53) 김학재, "냉전과 열전의 지역적 기원: 유럽과 동아시아 냉전의 비교역사사회학," 『사회와 역사』 제114집(2017년), pp. 212-216.

체제문제가 되며 체제 공간에서 해결이 어려운 것으로 귀결된다. 혼재가 되는 것은 단순히 문제뿐만 아니라 이에 관여하는 행위자에서도 나타난다. 지역에 속한 미국, 중국, 그리고 러시아가 체제문제 해결의 주축인 유엔 안보리 상임이사국이기도 하다. 이들 국가들은 지역문제를 유엔에서 다룰 때 세계를 대표하는 입장과 자국의 이해관계를 먼저 생각하는 지역국가의 입장을 동시에 반영한다. 체제와 지역단위의 역할 및 문제의 혼재는 체제가 무질서한 때문이다. 체제내에서 진행되는 글로벌화는 단위국가들의 힘이 세계 정치 및 안보분야에 영향을 미침으로써 무정부상태를 심화시키고 있다.

유엔은 상호공존을 표방하며 체제적 문제를 해결하는 곳이지만 사실상 그 기능이 완전하다고는 할 수 없는데 지역국가들이 체제문제를 다루고 있기 때문이다. 유엔은 체제의 제반문제를 다루는 중심적인 역할을 하고 있으나 국가의 영향력을 효과적으로 통제하기에는 한계가 있다. 미국이 9.11테러 이후 독자적인 대테러전쟁을 감행하였으며, 이라크 침공 등으로 UN의 기능을 무력화시킨 바 있으며, 북한의 비핵화에 있어서도 독자적인 역할을 하고 있다. 유엔 분담금 부담에서 3위의 독일과 2위의 일본 등이 상임이사국 진출을 도모하기도 하며, 유엔 회원국들이 상임이사국과 이사국의 개편, 거부권제도의 폐지 등을 요구하고 있다.[54)]

결론적으로 위와 같은 문제의 대표적 사례는 북한문제다. 북한문제는 하나같이 국제문제로 비화되는데, 관련국들이 유엔에서의 영향력이 지대하여 유엔에서 대립하거나 충돌하기 때문인데, 북한을 두둔하는 중국과 러시아 그리고 미국과 서방의 입장이 배치되는 일이 일상화되고 있다.

54) 송병록, "독일과 유엔: 독일의 안보리 상임이사국 진출노력과 전망," 『유럽연구』 제24호(2006년 겨울), pp. 84-99.

제3장

남방삼각체 국가의 대외관계 및 안보 전략

제3장

남방삼각체 국가의 대외관계 및 안보 전략

1. 미국

가. 동북아 국가와의 관계 개관

1) 對중국관계

미국은 체제내에서 아직까지 초강대국의 지위를 누리고 있다. 비록 중국을 비롯한 러시아, 독일 등이 경제력을 발판으로 미국의 지위에 도전하는 국면을 보이고 있으나 미국은 월등한 군사력과 국제사회의 영향력을 여전히 행사하고 있다. 동북아에서도 미국은 전통적 강대국으로서 중국과 러시아를 견제하고 한미일 동맹을 기반으로 지역내의 힘을 균형을 유지하고 있다. 이러한 미국이 역할은 동북아 국가와의 활발한 관계 형성에 있다고 평가된다.

먼저 미국과 중국의 관계는 양안관계의 미해결 등 갈등과 협력의 전략관계 지속, 무역 갈등 심화, 안보문제의 이견 심화 등 3가지 현상을 중심으로 전개되는 것을 알 수 있다. '〈표 III-1〉 미국의 주요 대외 안보관계 현황' 에서와 같이 미국과 중국의 관계는 1972년 핑퐁외교를 시작으로 정상화되었으나, 자유주의 국가와 사회주의 국가간 존재하는 간극으로 인하여 상존하는 갈등이 존재한다.

한국전쟁 발발 이후 미중관계는 적대적 관계였으며, 미소냉전 기간에도 대립관계는 지속되었다. 그러나 1960년대 중국과 소련의 분쟁이 발생하고 중국은 국제사회에서의 역할 증대를 위해서는 미국과의 관계개선이 시급하였고, 미국도 소련을 견제하기 위하여 중국과의 전략적 제휴가 필요했다. 이러한 배경에 의하여 1972년 2월 28일 닉슨 대통령이 중국을 방문하였고, '패권주의 반대, 양국관계 정상화, 대만 문제의 평화적 해결' 을 담은 상하이 공동성명, 1978년 5월의 양국간 연락사무소 개설, 12월의 수교 공동성명, 1979년 1월에는 정식 수교를 하게 되었다. 수교 공동성명에는 상호 승인 및 외교관계 수립, 중국이 유일한 합법정부로서 대만이 중국의 일부라는 중국 입장 인정, 패권不추구, 제3국을 대신하는 협상 체결 금지 등의 내용이 담겨 있다.

그러나 이러한 양국의 관계는 자주 위기를 맞이하여 왔다. 미국은 하나의 중국을 인정하면서도 1979년에 채택된 '타이완 관계법' 에 의해 대만과의 관계를 유지하면서 무기판매를 지속함으로써 중국을 자극하였다. 1981-1982년 동안 미국이 대만에 최신무기를 판매함에 따라 양국관계가 급속히 냉각되었는데, 1982년 8월 17일의 공동성명[55]에 따라 관계를 재정

55) 공동성명에는 총 9개항을 담고 있으며, 세부내용은 ① 중국이 유일한 합법정부 이며, 대만은 중국의 일부다. ② 미국과 대만의 비공식 관계는 계속 유지한다. ③ 상호 주권 및 영토주권을 존중하고, 내정 간섭은 하지 않는다. ④ 중국은 대만문제가 국내문제임을 재확인한다. ⑤ 미국은 2개의 중국정책을 추구하지 않는다. ⑥ 미국의 대만 무기 수출은 일정 수준을 유지한다. ⑦ 미국의 대만 무기 수출은 점진적으로 감소시키며, 차후 무기판매를 중단한다. ⑧ 양국은 최종적으로 대만 무기 수출 문제를 완전 타결한다. ⑨ 양국간 호혜평등의 원칙하에서 제반 분야에서의 유대관계를 강화한다 등이다.

〈표 III-1〉 미국의 주요 대외 안보관계 현황

구분	주요 내용
對중국	• 1972년 미중 관계 정상화, 1979년 미중 수교
	• 1993년 중국 위협론 대두
	• 1995.6-1996.3 대만해협 위기 발생, 미중 대립 심화
	• 1996.3-1998 장쩌민-클린턴 간 전략적 동반자 관계 모색
	• 2001.1 미 정찰기 충돌 사건
	• 2001.9 9.11 테러사건 이후 반테러 · 비확산 협력기
	• 2005년 부시 2기 정부 중국 위협론 제기
	• 2008, 오바마 대통령, 아시아 중시/재균형 외교 추진
	• 2009년 금융위기 계기 미중 협력 모색
	• 2011년 '아시아 재균형정책' 으로 중국 견제
	• 중국 부상에 따른 양자간 신형대국관계 형성
	• 2015. 6 미중전략경제대화, 9월 군간 소통채널 합의
	• 2015. 6 트럼프, 중국의 환율조작, 스파이 행위 등 비난
	• 2016-2017년 남중국해 관련 미중 갈등 국면
	• 2017년 미국우선주의(미)－사회주의적 중화사상(중) 충돌 조짐
	• 2018. 3 미중 무역전쟁 시작
對러시아	• 1972년, ABM조약, 1987년 INF 조약 체결
	• 2001. 12, 부시 대통령, 러시아를 전략적 동반자로 지칭
	• 2009. 7 정상회담 이후 오바마, 대러 관계 재설정 추진
	• 2014년 우크라이나 사태로 서방의 제재 시작
	• 2016. 12, 미국, 러시아 외교관 35명 전격 추방
	• 시리아 내전, 미러간 대리전으로 격화
對일본	• 1978. 11, 미일 가이드라인 처음 제정
	• 1996. 4, 안보공동선언 발표
	• 1997. 9, 미일 가이드라인 개정
	• 2000년대 중반 이후 일본의 보통국가 지원
	• 2013. 10, 미일 안전보장협의위원회 공동 성명
	• 2015년 미일 방위협력 지침 개정, 자위대 해외활동 가능
對한반도	• 2009. 6, 한미간 한미동맹 미래비전/확장억지력 채택
	• 2013 한미동반자 관계 모색
	• 2017. 3, 사드 배치 전격 시행
	• 2017-18년간, 대북 외교, 경제 압박, 대북제재 전방위 시행
	• 2017. 11 트럼프, FTA개정 협상 및 동맹역할 강조
	• 2018년, 트럼프, 북핵 대비, 북핵 관련, 저강도 핵무기 다양화, 북한 정권 종말 등 언급

립하는 계기를 만들었다. 이 성명에는 1979년의 수교 공동성명을 어느 정도 담고 있으며, 양안관계에 대한 미국, 중국, 대만의 관계를 규정하였다. 이후 미중관계는 협력관계를 지속하였는데, 1989년 6월의 천안문사태 이후 다시 급속히 냉각되었다.

1990년대와 들어와 중국은 개혁개방의 성공을 기반으로 자국의 국제적 위상을 고려하였고, 미국은 중국의 고립에 따른 국제적 불안정을 해소하기 위하여 협력하는 모양새를 보였는데, 1992년 3월 중국이 핵확산금지조약에 가입함으로써 관계 회복이 진전되었다. 탈냉전 이후 양국관계는 갈등과 협력의 상태를 지속하였는데, 여러 가지 사건이 발생하여 수시로 냉온탕을 넘나들었다. 대표적 사건이 중국의 파키스탄 미사일 수출에 따른 제재조치, 중국의 2000년 올림픽 개최 반대, 1995년 5월 대만 총통의 방미 허용 등이다. 이러한 원인은 표에서와 같이 미국에서 수시로 제기되는 중국위협론에 기인한다.

중국위협론은 1993년, 2005년, 그리고 트럼프 정부에서도 제기되고 있다. 미국의 보수주의자들에 근거를 둔 소위 매파들은 중국에 대한 일방적인 수혜정책에 반대하고 있다. 그 정책의 핵심이 작금에 회자되고 있는 미국우선주의다. 그 반대의 정책이 국제주의인데, 미국의 대외정책은 고립주의 → 국제주의 → 신고립주의로의 과정을 거쳐 왔다.

고립주의는 미국이 자신의 국가안보에 위협이 되지 않는 한 세계 문제에 적극적으로 개입하지 않겠다는 외교방침으로서 국제적 문제에 대한 미국의 개입 금지, 군대의 해외파견 자제, 세계경찰 역할 자제 등의 내용이 포함된다. 1823년 먼로(James Monroe) 대통령이 '먼로 독트린(Monroe Doctrine)' 이 대표적이다. 신고립주의(neo-isolationism)는 냉전 종식 직후 논의된 대외정책 개념으로서 해외에 전진 배치된 미군들을 철수하고 국제기구에 대한 지원을 감축해야 한다는 내용으로서 국내문

제 해결에 주력한다는 개념이다.[56)]

이는 미국내 성인의 57%가 "미국은 미국의 문제해결에 주력해야 하고 타국의 문제는 해당 국가가 해결하도록 해야 한다"고 주장하는 논리에 기반하고 있는데, 트럼프 대통령이 이를 정확하게 간파하고 편승하여 표심을 얻는 전략을 구사하고 있다. 신고립주의의 배경은 앞서 말한 먼로독트린처럼 전통적 고립주의가 반영된 것도 있지만 기성정치권에 대한 미국인의 반감과 정치인들의 포퓰리즘 성향도 작용하고 있다. 고립주의자들은 뚜렷한 목적의식과 열정을 가지고 정치적군사적 불간섭 원칙을 고수하기도 하며, 이를 미국내의 정치력으로 적극 활용하는데, 주요한 의사결정시 캐스팅 보터 역할을 한다.

국제주의는 미국의 국제적 역할을 유지 및 확대한다는 입장으로서 고립주의와 달리, 미국의 개입이나 군대의 전진배치, 세계문제의 적극적 개입을 추진하는 내용이다. 1차 세계대전 이후 미국은 국제주의를 기조로 세계 최강대국으로 부상하여 정치, 경제, 군사 등 모든 면에서 주도권을 행사하는 위치에 이르렀다. 미국에 의한 세계평화(Pax Americana)의 추구 방침에 따라 미국은 현재까지 전세계에 약 1,000 개소의 군사기지를 운영하고, 150개 이상의 국가에 15만 명 이상의 병력을 전진 배치시켜 놓은 상태다. 아울러 제2차 세계대전 이후 세계 전지역에 걸쳐 200개 이상의 전쟁을 일으키고 개입해 왔다.

미국에서 고립주의와 신고립주의가 양립하는 것은 고립주의자들이 소명의식과 명백한 숙명 등 전략적 인식 과정에서 우세한 쪽을 반영하며, 고립주의자 및 국제주의자가 모두 미국의 이익과 자유를 수호하고 전파하려는 의지가 있으며, 고립주의자라고 해도 미국의 이해가 있는 지역에

56) 이재봉, "미중관계 및 남북관계의 변화 전망: 트럼프 정부와 문재인 정부 출범 이후," 『한국동북아논총』 제84호(2017), pp. 8-12.

서는 패권을 추구하는 의지를 표현하는 조건부 고립주의가 존재하기 때문이다.

이와는 반대로 미국의 민주당 정부는 대중 포용론을 적극 구사하여 미중간 밀월기를 만들기도 한다. 2009년 오바마 대통령 출범 이후 런던에서의 정상회담, 힐러리 국무장관에 이은 오바마 대통령의 중국 방문과 양제츠 외교부장와 후진타오 국가주석의 미국 방문 등 양자간 교류가 활발하게 진행되었다. 오바마 대통령 방중시에는 양국간 공동성명을 발표했는데, 고위급 및 군사교류 증진, 전략적 상호 신뢰, 경제협력 및 국제공조 등에 동의하였다.

둘째, 미국과 중국간에 발생하고 있는 무역전쟁이 양국간의 관계를 악화시키고 있다. 사실 미중간의 무역전쟁은 단순히 무역역조에 기인하지 않으며 중국의 부상에 따른 미국의 위기의식에 기반한다. 2018년에 들어와 미국은 세이프가드, 무역확장법 232조, 통상법 301조 등을 발동하여 3월에 지적재산권 침해 사유로 대중국 수입품에 대한 보복관세 부과, 4월에 1,333개 관세부과 품목 발표 및 128개 수입 품목에 대한 1차 보복관세 부과, 6월에 중국과 쌍방간 500억 달러 규모 관세부과 품목 발표하고, 7월에 대중 340억 달러 규모 관세를 부과하는 등 대중 2,000억 달러 규모 관세부과 품목을 발표하였다.

중국도 8월에 600억 달러의 보복관세를 부과하였으며, 쌍방간 160억 달러의 보복관세를 상호 부과하였다. 양국간의 무역전쟁은 미국의 대중 무역수지 적자와 지적재산권 보호 및 첨단 기술 유출 방지 등 다양한 이유가 있으나 중국의 경제적 부상에 따른 위협이 작용하여 그 싹을 자른다는 의도가 담겨 있다. 중국도 미국이 무역역조만을 이유로 중국을 억누른다는 인식하에 미국내의 상황을 주시하고 있는 바, 상호 의견차가 좁혀지지 않고 있다.

마지막으로 미중관계는 북핵문제 등 안보문제에 있어서 주도권을 놓치지 않으려는 기싸움이 지속되고 있다. 앞서 언급한 바와 같이 양국은 한국전쟁에 개입하여 상당한 인명손실을 경험한 바 있다. 6자회담 회장국인 중국은 중화민국의 부흥을 위해 경제력과 군사력을 바탕으로 미국과의 충돌을 감수하고 있는데, 북핵문제의 주도권을 행사하려는 의도가 강하며, 남중국해에서의 군사기지 설치, 사드배치에 대한 보복 감행 등 지역 강국으로서 영향력을 행사하고 있다. 이에 맞서 미국은 북핵문제와 관련한 제재가 중국의 미온적인 태도로 효력을 발휘하는 것이 제한된다는 판단으로 중국을 압박하고 있으며, 2017년 5월과 7월 남중국해에서 '항행의 자유' 작전을 전개하였으며, 대만에 약 1조 6천억 원 가량의 무기수출을 승인한 바 있다.

한편, 미중간의 군사적 갈등이 지속적으로 존재하는 곳이 한반도다. 중국은 주한미군의 존재를 눈엣가시처럼 여기고 있으며, 사드배치와 관련하여 매우 예민하게 반응한 것처럼 한반도 상황에 대하여 촉각을 곤두세우고 있다. 중국이 군사력 증강에 집중하고 있고 이의 투사가 가능한 곳이 한반도로서 남북한간의 군사적 긴장이 주변국간의 긴장으로 확장될 우려가 있는 지역이다.

2) 對러시아관계

미국과 러시아의 관계는 그 특징이 미소냉전의 유산 작용, 미국의 중러브로맨스 견제, 그리고 대러시아 경제제재라고 할 수 있다. 먼저 미소냉전의 유산에 대해서는 논란이 있을 수 있지만 러시아가 구소련의 하드웨어와 소프트웨어를 대부분 물려받은 상태로서 그 이미지와 행태가 크게 변화되지 않는데 기인한다. 미소냉전은 미소가 세계를 양분하고 자국의 영향력 확대를 추구하는 것 때문에 비롯되었으며, 공산주의의 확산과 이를 저지하려는 민주주의 진영의 봉쇄정책이 끊임없이 충돌하여 전쟁과 갈등을 촉진하였다.

미소 양국은 강력한 핵전력과 재래식 전력으로 맞서며 이를 자기 진영에 확산시키는 역할을 하였다. 특히 한국전과 베트남 전쟁에서 미국과 소련이 각각의 진영을 대표하여 개입하였는데, 한반도와 베트남의 전쟁피해는 막대하였으며, 한반도에서는 분단이 고착되고 베트남은 공산화되었다. 미소냉전의 유산으로 가장 심각한 것은 핵전력과 재래식 군사력의 대립이라고 할 수 있다.

1989년 몰타에서 부시 대통령과 고르바초프 서기장이 만나 냉전의 종언을 선언한 이후 양국 관계는 협력보다는 소원한 관계로 변화하였다. 1991년 12월 25일 소련이 해체되고 러시아가 소련의 계승자가 되었다. 그러나 세계정세는 러시아가 원하는 방향보다는 나토가 동유럽으로 확대되었는데, 체코, 헝가리, 폴란드가 나토의 회원국이 되었다. 1999년에는 나토가 유고 연방을 공습하였으며, 러시아의 입지는 약화되었다. 러시아는 자국내의 나토 대표부를 추방하고, 태평양 함대의 군사훈련 돌입 및 군함 추가 배치 등의 강력한 조치를 취하였다. 러시아는 서방의 경제적 지원에 대해 불만을 품고 탈유럽정책을 전개하고 중국과의 접근을 강화하였다.

이와 같이 미국은 탈냉전기에 들어와 러시아와의 주도권을 공유하기보다는 수퍼파워로서 체제 내의 최강자로 군림하였다. 이에 반하여 러시아는 이에 대한 대응으로서 구소비에트 지역통합을 시도하였으며, 미국과 러시아 양국은 수시로 충돌하는 관계가 되었다. 그러나 2001년의 9.11 사태는 미러간 관계개선의 기회가 되었는데 러시아는 미국이 주도하는 반테러전쟁 및 노선에 적극 협조하였다. 이러한 관계는 2001년 부시 대통령의 탄도미사일방어(ABM)조약이 폐기되면서 갈등의 국면으로 돌아

섰다.

러시아는 미국의 이라크 공격을 반대하였는데, 2004년 이후 불가리아, 루마니아, 슬로바키아, 슬로베니아 등의 탈소비에트화와 조지아, 우크라이나 등에서 친서방 정부가 들어서고 나토가입을 추진하면서 갈등이 최고조에 이르렀다. 푸틴 대통령은 미국의 일반주의 정책, 나토확대, MD정책을 비난하며 대응하였다. 그 대표적인 사태가 러시아와 조지아간의 전쟁이며, 2014년 3월 18일 우크라이나의 크림반도 점령이다. 이를 계기로 미국은 2014년 3월 대통령 행정명령을 발동하여 우크라이나 사태에 연루된 개인 및 단체에 대해 자산 동결조치를 하였고, 4월에는 무기 및 수출통제, 그 이후에 은행, 기업 수입금지 등 다각적인 제재 조치를 취하였다. 반대로 우크라이나에는 군사원조와 동맹국 지정 등의 지원을 하고 있다.

한편, 미국의 대러시아 정책의 또 하나의 축은 중러의 밀착에 대한 견제다. 앞서 언급한 것처럼 러시아는 유럽에서의 실패로 중국에 대한 접근을 시도하고 있다. 중러 관계는 1990년대의 제한적 군사협력, 1996년 미국을 견제하기 위한 전략적 동반자 관계, 2006년에는 모든 분야를 포괄하는 전략적 동반자 관계로 발전하고 있다. 이러한 접근은 미국의 패권주의를 견제하는 수단이기도 하며 구공산권국가 시절의 체제적 유사성에도 기인한다. 체제의 수퍼파워 역할을 하는 미국주도의 세계질서는 중러 모두에게 매우 불편한 상황으로서 정치적 · 군사적 밀착을 의미한다. 그리고 중국은 원활한 에너지 수급을 위해서도 러시아와 협력하고 있는데, 철도를 이용한 석유수입과 천연가스 도입에 적극성을 보이고 있다. 이러한 협력은 군사협력으로 발전하고 있다.[57]

---

57) 이용권, 이성규, "러시아와 중국의 관계발전 심화요인 분석: 에너지 자원협력을 중심으로," 『국제정치논총』 제46집 2호, 2006, pp. 215-237.

3) 對일본관계

미국과 일본의 관계는 동북아안보복합체에서 매우 중요한 의미를 가지고 있다. 미국이 지리적 근접성이 없지만 있는 것처럼 보이는 것은 일본과 한국에 주둔하고 있는 미군 때문이며 미국의 군사력이 투사되고 있기 때문이다. 2차 세계대전의 승전국인 미국이 패전국인 일본의 동맹국이 되고 일본의 보통국가화를 지원하는 입장이 된 것은 복합체의 가장 큰 변화라고 할 수 있다. 이러한 양국관계를 개관해 보면 미국의 대일관계의 핵심적인 특징은 미일동맹과 안보협력, 일본의 보통국가화 지원, 북핵 및 대중러 견제 공조라고 할 수 있다.

2차 세계대전 패전국인 일본과 미국의 관계는 동맹과 협력의 관계로 전환되었다. 2차 세계대전 직후 미국은 700만 명 이상의 일본군을 해체하였으며, 일본의 군국주의의 첨병인 육군성 및 해군성 등 상부 구조를 모두 폐지하고 관련 공직자들도 모두 추방하였다. 1946년에는 새로운 헌법을 공표하였는데, 이를 평화헌법이라고 명명하고, 전쟁방지 결의(전문), 전쟁과 무력행사의 영구 포기(제9조 1항), 육해공군 기타전력의 미보유, 외교권 불인정(제9조 2항) 등을 명시하였다. 그러나 중국의 공산화와 6.25전쟁의 발발 이후 미국은 평화헌법 하에서 일본의 안전보장에 대한 방안을 강구하기 시작하였다.

미국은 미소대립과 제3세계를 이끄는 중국을 견제하기 위하여 일본의 역할을 필요로 하였으며, 탈냉전기에도 이러한 전략적 계산이 계속 유지되었다. 1951년 9월 8일 미일간 안전보장(일명 구조약)이 체결되었는데, 일본내 제3국의 기지 대여시 미국의 동의가 있어야 하고, 미군이 일본의 안전을 보장하는 것이 주요 내용이다. 일본은 상기 조항을 불평등조약이라고 판단하고 개정을 요구하였으며, 일본 자체의 방위에 충실한 전수방위 개념을 도입하였다. 1960년 6월 20일 미국의 동의가 필요한 부분을 삭제하고 일본의 국내 소요에 대한 미군의 개입 가능성을 없앤 조약(일명 신조약)을 체결하였다. 대신에 미국이 일본의 안전보장을 지원하는 형태는 유지되었다.

미일간의 방위협력은 이후에도 일본의 요구에 의해 지속적으로 확대 및 강화되었는데 미일안보조약에 근거한 미일 방위협력지침이 그것이다. 1978년에 처음 만들어진 미일방위협력지침은 일본의 보통국가화전략과 궤를 같이하며 변화되었는데, 1992년 국제평화협력법(PKO법)으로 자위대의 해외파병 근거를 마련하였고, 마침내 1997년 9월에 미일방위협력지침(가이드라인)이 개정되었다. 이때의 가이드라인에는 한반도에서의 유사사태시 자위대와 주일미군이 역할 분담한다는 내용이 포함되어 있어서 논란이 되고 있다.

주요 활동 내용에는 구조 활동 및 피난민 대응, 전투지역 이외의 지역 및 해역에서의 수색 및 구조, 경제제재 관련 활동, 비전투원의 대피 등인데 이를 위하여 자위대의 시설 및 민간공항 등을 사용하고 자위대가 후방지원을 한다는 내용이 포함되어 있다. 미일간에는 이밖에도 외교 · 방위 장관회의, 안보고위사무급협의, 방위협력소위원회 등의 다양한 안보회의체를 운영하고 있다. 한편, 미군의 일본 주둔도 미일 방위협력 지침에 의해 공동방위태세의 유지 목적으로 지속되고 있는데, 주일미군 규모는 약 3만 7000여 명 수준이며, 육해공군과 해병대를 운용하고 있다.

다음으로 미국의 일본의 보통국가화 지원인데, 탈냉전 이후 미일동맹은 지역내의 쌍무적 동맹으로 발전하였는데, 일본의 보수지도자들에 의해 추진된 우경화와 보통국가화 전략이 맞아 떨어졌기 때문이다. 일본은 미일동맹을 통하여 국제적 역할을 확대하고, 미국은 동북아지역의 불확실성에 대비하기 위하여 미일동맹을 주요 축으로 활용하고 있다.

1996년 4월의 미일 '신안보공동선언', 앞서의 미일 방위협력 지침,

1999년 8월 미일간 '전력미사일 방위 구상의 공동연구개발' 각서 교환, 2001년 6월 부시 대통령과 고이즈미 총리간의 '안전과 번영을 위한 파트너십' 공동 성명, 2006년 5월 '주일미군 재편 로드맵(미일동맹 글로벌화, 주일미군과 자위대의 일체, 무기의 첨단화 등)' 합의 발표 등 지속적인 협력이 구체화 되고 있다. 이러한 미일간의 공조는 중국과 러시아를 견제하는 주요한 수단이 되고 있으며, 북한의 핵무장에 대해서도 공동 대응하는 입장을 취하고 있다.

결론적으로 미일 동맹은 한미동맹과 더불어 미국의 동북아에서의 군사적 억지력으로 작용하고 있지만 동시에 미일 양국의 역내의 영향력 확대를 모색하는 수단임을 알 수 있다.

4) 對한반도관계

미국은 2차 세계대전을 계기로 한반도의 안보에 밀접하게 관여하고 있다. 한반도는 그 지정학적 특성 때문에 복잡한 상태에 놓여 있는데, 정치적으로는 민주주의와 사회주의의 접점에, 경제적으로는 풍요로운 자본주의 경제와 정권이 통제하는 사회주의 경제를 연결하고 있고, 군사적으로는 세계 최강의 군사력이 밀집해 있는 지역이다. 흔히 한반도를 완충지역이라고 하지만 19세기 이후 열강의 힘이 충돌하였고, 2차 세계대전에도 일본의 병참기지로 활용되었으며, 6.25전쟁을 참화를 겪은 지역이다.

현재에도 주변 4강과 남북한이 대치하고 있는 지역으로서 미중 무역전쟁과 북한이 핵무장, 지역국들의 패권을 노린 영향력 강화 노력 등에 의해서 갈등이 상존해 있어서 잠재적 갈등이 폭발할 가능성이 있는 위험한 곳이라고 할 수 있다. 미국에 있어서 한반도는 지역내 패권 향방의 접점과 한미동맹과 북중동맹의 충돌 지점으로서 미국의 대한반도 입장은 지역내 영향력의 유지를 위한 세력 전개, 북한의 핵무장과 재래식 도발에 대한 억제력 유지라고 할 수 있다.

한미관계는 미군정 직후의 대사관계를 시작으로 공식적인 외교관계가 수립되었으며, 6.25전쟁 이후인 1953년 8월의 한미상호방위조약을 근거로 한 한미동맹을 중심으로 발전되어 왔다. 한미방위조약은 한반도에서 전쟁 발발시 양국이 상호 협의하여 무력공격을 저지하자는 내용으로서 미군 2개 사단을 휴전선에 배치해 전쟁발발을 억지하는 데 주안을 두고 있었다. 이후 1954년 11월 경제 및 군사문제에 관한 한미합의의사록 체결, 1966년 한미주둔군지위협정 등 제도적 틀을 만들고 한미연합방위능력을 향상시켜 왔다. 지난 기간 양국은 한미안보협의회(SCM)와 한미군사위원회회의(MCM)을 설치해 안보협력의 수준을 유지하기 위해 노력해 왔다.

미국은 군사적 협력 외에도 1948-1971년 기간 동안 약 46억 달러의 원조를 한국에 제공함으로써 한국이 경제 기적을 이루는 초석을 다지는 데 도움을 주었다. 2009년 6월에는 양국간 한미동맹 미래비전을 채택하였는바 동맹의 해당 범위를 동북아시아에서 전세계로 확장하였고, 그 협력내용 또한 비군사적 영역까지 포함하였다. 아울러 한반도 유사시 핵우산 및 재래식 전력을 제공하는 확장 억지력을 채택하였다.

이에 반하여 미국과 북한은 6.25전쟁 이후 적대적 관계를 유지하고 있다. 북한은 한미상호방위조약에 의해 대남 적화통일의 실현이 어렵게 된 이후 줄기차게 주한미군의 철수를 주장하고 있다. 미군은 1948년 한국내 외국군 철수 결의 이후인 1948년부터 철수를 시작하여 1949년 6월 고문단 500여 명만 남겨놓고 완전히 철수했다. 이승만 대통령이 미국의 한국 포기 우려 표명에도 불구하고 군사원조를 하지 않았는데 오히려 남한의 북침을 우려하여 장비의 유지보수에 필요한 원조에 그치고 한미 상호방위조약의 체결을 하는 것으로 매듭지었다.

1950년 1월 애치슨 국무장관이 '미국의 태평양 방위선이 알류산 열도에서 일본의 류큐를 거쳐 필리핀에 이른다' 고 한 애치슨선언을 하였는데, 한국과 대만이 미국의 방위선 밖에 있음을 의미하였고 북한의 6.25도발을 시작케 한 계기가 되었다. 이러한 경험으로 북한은 한반도에서 미군이 철수되거나 미국의 방위력이 작용하지 않아야 대남 무력적화통일을 감행할 수 있는 조건으로 인식하고 있다.

그동안 북한은 미군에 대한 적대적 행위를 지속해 왔는데, 1968년의 푸에블루호 납치, 1969년의 미군 정보기 격추, 1976년에 판문점 도끼만행 사건이 연이어 벌어졌다. 북한은 한미연합전력을 상대로 승산이 없다는 것을 알고 핵무장에 주력해 왔는데, 총 6차례의 핵실험을 통하여 핵능력을 갖춘 것으로 확인되고 있다. 북한의 실질적인 핵능력을 갖추기 위하여 탄도미사일과 잠수함탄도미사일 발사 실험에 열을 올리고 있다.

미국은 위의 한반도 상황과 관련하여 한반도의 중요성을 인식한 안보전략을 구사하고 있다. 미국은 북한의 핵무장에 대응하여 남한에 사드배치를 추진하였고, 중국의 반발에 대해서도 이의 추진을 강행하였다. 이는 미국이 한반도를 국가 전략상 핵심적 지역으로 판단하고 있음을 의미한다. 한미관계는 1970년대에 미중관계의 개선과 한국내 유신체제, 그리고 닉슨 독트린[58]의 영향으로 인하여 미군감축과 냉각기를 경험하기도

58) 미국 닉슨 대통령이 1969년 7월 25일 밝힌 대아시아 정책으로서 총 5개 항의 내용이 포함되어 있다: ① 미국은 앞으로 베트남전쟁과 같은 군사적 개입을 피한다. ② 미국은 아시아 제국(諸國)과의 조약상 약속을 지키지만, 강대국의 핵에 의한 위협의 경우를 제외하고는 내란이나 침략에 대하여 아시아 각국이 스스로 협력하여 그에 대처하여야 할 것이다. ③ 미국은 '태평양 국가' 로서 그 지역에서 중요한 역할을 계속하지만 직접적 · 군사적인 또는 정치적인 과잉개입은 하지 않으며 자조(自助)의 의사를 가진 아시아 제국의 자주적 행동을 측면 지원한다. ④ 아시아 제국에 대한 원조는 경제중심으로 바꾸며 다수국간 방식을 강화하여 미국의 과중한 부담을 피한다. ⑤ 아시아 제국이 5~10년의 장래에는 상호안전보장을 위한 군사기구를 만들기를 기대한다.

하였으나 동맹관계를 유지하는 데는 문제가 없었다. 오히려 미국은 군사 정권 시절의 민주화 탄압 등에서는 한국 정부에 협조하지 않는 등 한국의 민주화에도 기여한 측면이 있다. 한미관계도 원조 및 수혜국가의 관계에서 상호 동등한 관계로 발전하고 있다.

나. 위협 인식

미국은 트럼프 대통령이 2017년 12월 18일 공표한 국가안보 전략에서 3가지 핵심위협을 지적했는데, 첫째, 중국 및 러시아 등 새롭게 부상하는 국가들이 기술 · 선전 · 강압의 방법을 활용하여 미국에 이익에 반하는 세계를 만들려는 시도를 들었고, 둘째, 지역에 산재한 독재자들이 테러를 확산하고, 이웃 국가를 위협하며, 대량살상무기를 획득하려는 시도를 문제 삼고 있고, 마지막으로 이데올로기로 무장하고 폭력을 선동하는 지하드 테러리스트와 마약과 폭력을 퍼트리는 초국가범죄조직을 위협으로 삼고 있다.[59]

한편, 미군은 미국 방위전략에서 유사한 위협을 명시했는데, 테러리즘을 국가안보의 주된 관심사로 제시하였다. 그 다음으로 중국을 전략적 경쟁국으로, 러시아를 침략국과 안보리에서의 비협조국으로, 북한을 유엔의 비난과 제재에 응하지 않는 정권으로 평가하였다. 미국이 보는 중국은 인도-태평양 지역에서 계속 군사적 영향력을 증대시키고 있으며, 러시아는 NATO의 기능을 약화시키는 노력을 하며, 조지아, 크림반도, 우크라이나에서 도발을 계속하며, 핵무기를 확장하고 이를 군사적으로 활용하려는 의도를 보이고 있다는 것이다.

59) The White House, "A new national security for a new era," December 18, 2017(www.whitehouse.gov/articles/, 검색일: 2018년 8월 26일).

특히 북한은 이란과 같이 핵무장을 지속하여 지역을 불안정하게 만들고 있으며, 핵 · 생물무기 · 화학무기 · 재래식무기를 활용하여 체제 생존의 지렛대로 삼고 있고, 탄도미사일 시험 등을 통하여 한국과 일본에 대한 위협을 가하고 있다고 지적했다.[60] '〈표 III-2〉 미국의 위협인식 및 안보전략' 은 미국이 인식하는 위협의 범위를 요약한 내용이다. 저자는 미국의 위협인식을 체제측면에서는 9.11 테러 이후의 복합적 위협, 중국의 부상에 따른 수퍼파워의 위상 위협, 중 · 러 동맹 강화 및 체제내 영향력 공조로 설정하였으며, 동북아지역 측면에서는 중 · 러의 영향력 확대, 북핵문제의 지역문제화 및 북 · 중 · 러 연합 조짐, 역내 국가의 군사력 확

〈표 III-2〉 미국의 위협인식 및 안보전략

구분	영역	내용
위협인식	체제	- 9.11 테러 이후의 복합적 위협 - 중국의 부상에 따른 수퍼파워의 위상 위협 - 중 · 러 동맹 강화 및 체제 내 영향력 공조
	동북아	- 중 · 러의 영향력 확대 - 북핵문제의 지역문제화 및 북중러 연합 조짐 - 역내 국가의 군사력 확대 및 갈등 지속
안보전략	체제	- 체제 내 전통적 위상 유지 - 동맹국가의 안보 및 자유주의 가치 유지 - 테러 세력 응징 및 지원세력 차단 - 북핵문제 해결 등 핵 확산 기도 차단
	동북아	- 역내 영향력 유지, 중 · 러의 도전 차단 - 동맹국과의 관계 및 다방면의 협력 강화 - 북한의 핵무장 차단, 한미군사동맹 강화 등

60) Department of Defence, The 2018 National Defence Strategy, January 2018(dod.defense.gov/Portals/1/Documents/pubs, 검색일: 2018년 8월 26일).

대 및 갈등 지속으로 설정하였다. 이는 미국의 국가안보전략 및 방위전략에서 언급된 내용으로서 미국의 안보가 매우 다층적이고 복합적인 위협에 직면해 있음을 의미한다.

미국은 2차 세계대전 이후 그리고 소련이 붕괴된 탈냉전기 이후 수퍼파워로서 세계질서를 주도해 왔다. 미국은 외교적 · 경제적 · 군사적으로 체제내의 중요한 일을 결정하는 데 관여해 왔으며, 특히 동북아에서도 압도적인 힘을 바탕으로 영향력을 행사해 왔다. 이러한 미국의 힘에 결정적 영향을 미친 것이 2001년 9월 11일 오사마 빈 라덴 등 이슬람 테러조직이 주도한 항공기 동시다발 자살테러 사건이다.

9.11테러로 뉴욕의 110층인 세계무역센터 빌딩이 붕괴되고, 미 국방부 건물이 폭파되었다. 이 테러로 약 3500여 명의 무고한 사람이 사망하는 등 미국이 입은 상처는 상상을 초월하였다. 미국의 건국 이후 본토에서 공격을 받은 것을 처음 있는 일로서, 사건 직후 미국은 이를 테러공격으로 규정하고 즉각적인 반격에 나섰다. 미국의 대테러전쟁은 경고 없는 보복공격을 의미하는 무한정의 작전으로 명명되었다. 빈 라덴의 은신처인 아프가니스탄에 대한 지상군 파견, 테러조직 관련 시설에 50기의 토마호크 발사, 아프가니스탄 전역 함락 등 약 1년간의 전쟁을 치뤘다. 2003년 3월 20일에는 이라크전쟁을 일으켜 20일 만에 이라크를 함락시키고 과도정부를 출범시켰다. 미국의 반테러 전쟁은 현재진행형이며, IS 등 테러조직은 가장 위협으로 간주되고 있다.

아울러 중국의 부상과 공세적인 팽창정책은 미국을 자극하고 있다. 2000년대 중반 이후 양적 성장을 이룬 중국은 미국의 영향력에 도전했는데, 대표적인 것이 시진핑의 중국몽으로서 중국을 글로벌파워로 만들고 자신의 영구집권을 도모한다는 의미다. 중국은 군사력 증강과 함께 러시아와의 밀착을 통해서 미국을 견제하려고 한다. 이에 대해 미국은 무역전쟁을 촉발하고 양안관계를 활용하여 중국을 억제하는 노력을 기울이고 있다.

중국과 강력한 브로맨스를 형성하는 러시아에 대해서는 1987년에 레이건 대통령과 고르바초프 서기장이 서명한 '중거리핵전력조약(INF)' 의 파기를 공식화하며 중 · 러를 압박하고 있다. 미국은 러시아가 '이스칸데르' 등의 단거리 탄도 · 순항미사일을 개발하고 이를 루마니아에 배치한다고 비난하고 중국도 보유하고 있는 약 2200개의 탄도 · 순항미사일 95%가 조약 위반에 해당한다고 지적하였다. 미국 국방부는 공개 보고서에서 미국이 AI, 양자컴퓨터 로보틱스 등과 같은 첨단산업분야에서 주도권을 빼기고 있으며, 특히 중국의 기술탈취는 조직적인 약탈행위로서 미중간의 군사적 균형을 무너뜨리고 있다고 지적하고 있다.

2018년 9월 20일 존 볼턴 미 백악관 국가안보보좌관은 '국가사이버 전략' 을 통해 '악의적인 국가와 범죄자, 테러리스트들이 지적재산과 지식을 훔치고 기반시설을 손상하며 민주주의를 약화시킨다' 는 지적과 함께 공격적인 사이버 전략을 수행할 것을 천명했는데, 중국과 북한을 공개 겨냥한 것으로 평가되었다.[61] 또한 중국이 미국의 전세계 공급물자 공급망을 장악하고 있는데, 갑자기 공급이 중단될 경우 미국의 국방에 큰 위협이 될 수 있음을 경고했다.[62] 2018년 9월 21일 미국은 제재 대상인 러시아로부터 무기를 구매한 중국 군부에 대한 제재를 승인한 반면 9월 25일에는 대만에 F-16전투기 부품을 판매하도록 승인했다. 중국은 이에 대한 대응조치로 베이징에서 열릴 예정이었던 미중합동참모부 대화를 연기했고, 10월에 예정되어 있던 미 해군 강습상륙함 와스프함의 홍콩입항을 거부했다. 9월 30일에는 중국 군함이 난사군도를 항해하던 미해군 구축

61) 『노컷뉴스』, 2018년 9월 21일자.
62) 『해럴드경제』, 2018년 10월 6일자.

함 디케이터함의 41미터까지 접근해 군사충돌 가능성까지 야기한 바 있다. 작금의 미중무역 분쟁은 외교 및 군사분야로 비화되어 갈등이 격화되고 있으며, 2017년 6월에 1차 회의가 열렸는데, 2018년 10월로 예정되었던 2차 외교 · 안보 대화도 연기되고 있는 상황이 전개되고 있다.

다. 안보전략과 주요 추진 현황

미국은 2017년의 국가안보전략에서 첫째, 미국의 국민과 국가, 그리고 미국이 영위하는 삶을 보호하며, 둘째, 미국의 번영을 증진하며, 셋째, 힘을 통한 평화유지, 넷째, 미국의 영향력 증대를 핵심전략으로 내세웠다. 이를 위하여 세부 전략을 제시하였는데, 미국의 국민과 영토를 보호하기 위해서는 대량살상무기 대비, 세균 및 전염병 위협 차단, 국경 및 이민 정책 강화, 테러리스트 붕괴, 범죄조직 와해, 사이버 안전 유지, 국민의 주거 향상 등을 강조하였다.

미국의 번영을 위해서는 미국의 대내 경제 활성화, 무역의 자유 · 공정성 · 호혜관계 강화, 연구 · 기술 · 발명 · 혁신 선도, 미국이 혁신 안보 증진, 에너지 주도 강화 등을 내세웠다. 힘을 통한 평화유지를 위해서는 경쟁적 우위 부분의 강화, 군사 · 방위산업 · 핵전력 · 우주 · 사이버 · 정보 능력의 강화, 외교경쟁력 · 경제외교 · 국정능력의 강화 등을 역설하였다. 마지막으로 미국의 영향력 증대를 위해서는 동맹국가의 역할 증대, 다차원 협력의 결과 증진, 미국 가치의 옹호를 강조하였다.[63]

한편 미국은 인도-태평양, 유럽, 중동, 남방 및 중앙아시아, 서반구, 아프리카 등 6개 지역을 나누어 지역 전략을 제시하였는데, 동북아 지역

63) The White House, pp. 7-41.

에서는 먼저 중국이 경제력을 이용하여 지역내에서의 정치적 영향력을 강화하고 내정간섭을 획책하는 등 패권의 야심을 가지고 있다고 비판하였다. 아울러 북한이 사이버 능력, 핵, 탄도미사일 프로그램에서 세계를 위협하고 있다고 지적하였다. 미국은 인도-태평양 동맹국들과 공조하며 이러한 위협에 대처해야 함을 역설하고 있다. 이를 위하여 정치적 동맹관계를 강화하여 한반도 비핵화를 포함한 동북아의 평화유지를 강화하며, 경제적으로 지역의 협력과 자유무역과 해상로 보호 등을 지속해야 하며, 북한의 호전성을 억제하는 등 한미일 군사동맹을 적극적으로 활용하며, 미국과 대만의 동맹관계 강화 등도 언급하고 있다.[64]

미 국방부도 이에 따라 국가방위전략에서 10개의 국방목표를 제시하였는데 그 내용은 아래와 같다.

① 외부의 공격으로부터 미 영토 보호

② 전세계 및 주요 지역에서 합동 군사력의 장점 유지

③ 미국의 중대한 위협에 공격에 대비한 적의 고립

④ 부처간 협력으로 영향력과 지원 유지

⑤ 인도-태평양, 유럽, 중남미 등 주요 지역의 세력균형 유지

⑥ 동맹국의 군사적 방어와 강압에 대항한 동맹지지와 공동 방어 책임 공유

⑦ 미국 및 해외 동맹국 및 파트너를 대상으로 한 테러분자의 활동 억제

⑧ 공통 도메인의 개방과 자유로운 유지 보장

⑨ 군의 사고방식, 문화 및 관리시스템의 변화 지속 및 성능 제공

⑩ 군의 안보 혁신 기지를 21세기 최고의 수준으로 구축

이를 위하여 미군은 전략적 우월성과 보안성, 그리고 통합운영과 결합

64) 위의 글, pp. 45-47.

능력, 적의 선전전에 효과적으로 대응하며 경쟁력을 강화한다는 전략적 접근을 하고 있다. 특히 동맹과의 파트너십을 증대시키는 노력을 하고 있다. 이를 위하여 치명적인 부대건설, 자원의 지속적인 투입, C4ISR(명령, 제어, 통신, 컴퓨터와 정보, 감시 및 정찰)의 개선, 미사일 방어 주력, 다중 공격 능력 강화, 공격 우선순위 설정, 복원력 향상 등 다양한 추진 방침을 제시하고 있다.

한편, 미군은 '〈표 III-3〉 미군의 주요 군사력 현황' 에서와 같이 병력은 138만여 명이나 세계 최강의 전력을 구축하고 있다. 미군의 가공할 군사력은 14척의 핵잠수함, 10척의 항모, 157대의 전략폭격기, 첨단의 전투기 1,890기, 각종 지원기 2,972대, 그리고 중무장한 10개 사단과 45개의 여단에서 비롯된다.

미군은 동맹군과도 다양한 연합훈련을 통해 지역내 영향력을 유지하고 있다. 일본과의 방위협력지침을 개정하여 자위대 역할을 확대하고, 인도와는 2015년 합동전략비전과 군수지원협정을 체결하여 안보협력을 강화하고 있으며, 싱가포르와는 2015년 방위협력합의서를 개정하여 다방면의 협력체제를 마련하였고, 필리핀과도 2014년에 방위협력확대협정을 체결하여 기지와 시설에 대한 접근권과 사용권을 확대하였다. 이들 국가들과의 정례적인 훈련을 실시하고 있는데, 2018년 9월 27일 미군과 일본 항공자위대는 동중국해 및 일본해에 B52와 항공자위대 전투기가 포함된 공동훈련을 실시하였다.

2018년 10월에는 미국과 일본, 필리핀이 남중국해에서 상륙훈련 실시하였으며, 2018년 7월 미일 미사일 부대가 하와이에서 중국의 도발에 대비한 합동훈련 실시하였다. 2018년 6월에는 2017년에 이어 미국, 일본, 인도가 참가하는 연례해상훈련 '말라바르' 를 괌에서 실시하였으며, 2018년 1월에는 미군과 자위대가 미야자키 현에서 연합 공중 낙하훈련을 실시하

〈표 III-3〉 미군의 주요 군사력 현황[65]

구분	세부 내용	현황(명/대)
병력	육군	509,450
	해군	326,800
	공군	319,950
	기타	225,050
	소계	1,381,250
육군	사단/여단	10/45
	전차	5,884
	장갑차	24,377
	견인/자주포	2,711
	다련장/박격포	3,288
	대전차유도무기	1,512
	지대공미사일	1,207
	헬기/항공기	4,422
해군	핵잠수함/잠수함	14/57
	항공모함	10
	전투함	147
	소해함/상륙함(정)	281
	지원함	71
	전투기/헬기	956/720
해병	사단	3
	전차/장갑차	447/3,778
	야포	1,506
	UAV	139
	항공기/헬기	445/455
공군	전략폭격기	157
	전투기	1,890
	지원기	2,972
	기타	553

65) 국방부, 위의 책, pp. 240-241.

였고, 2018년 2월에는 한국, 미국, 일본, 태국, 말레이시아, 싱가포르, 인도네시아, 중국, 인도 등 9개국이 코브라골드 연합훈련을 실시하였다.

2. 일본

가. 동북아 국가와의 관계 개관

1) 對미국관계

일본과 미국의 관계는 2차 세계대전 이후 가장 극적인 변화를 보여주고 있는데, 원폭의 희생국이면서도 패전국인 일본이 오늘날 미국의 동맹으로서의 역할을 하고 있다. 미국의 대외관계에서 언급한 바와 같이 양국간 관계의 핵심적인 특징은 미일동맹과 안보협력, 일본의 보통국가화 지원, 북핵 및 대중・러 견제 공조라고 할 수 있다. '〈표 III-4〉 일본의 주요 대외 안보관계 현황' 에서 보는 것처럼 일본은 1951년 미국과 안보조약을 체결하였고, 이후 1961년 1월 안보조약을 개정한 바 있는데, 1978년 11월 미일 가인드라인을 제정한 이후 일본의 국내적 여건 변화에 의거하여 가이드라인을 개정하여 일본이 보통국가로 나아가는 데 미국이 일조하는 모습을 보이게 되었다. 2015년에는 미일 방위협력을 개정하여 자위대의 해외활동도 가능한 상태가 되었다.

일본의 보통국가론은 프랑스가 핵무장을 하기 위하여 '강대국의 위치에 있는 프랑스가 핵무장을 하는 것은 지극히 정상적이고 보통의 일' 이라는 데서 유래하고 있는데,[66] 일본도 패전국인 보통국가로서 군사력을 증강하고 국가의 이익에 따라 군사력을 운용할 수 있다는 뜻으로 분석된다.

---

66) Robert. L. Rothstein, Alliance, and Small Power(New York and London: Columbia University Press, 1969), p. 297.

〈표 III-4〉 일본의 주요 대외 안보관계 현황

구분	주요 내용
對미국	- 1951년 미일안보조약 체결, 1961. 1 조약 개정
	- 1978. 11, 미일 가이드라인 처음 제정
	- 1996. 4, 안보공동선언 발표
	- 1997. 9, 미일 가이드라인 개정
	- 2000년대 중반 이후 일본의 보통국가 지원
	- 2013. 10, 미일 안전보장협의위원회 공동 성명
	- 2015년 미일 방위협력 지침 개정, 자위대 해외활동 가능
對중국	- 1971년 중국의 UN가입 반대, 1972년 입장 변화 국교 정상화
	- 1971. 12, 조어도에 대한 영유권 공식 주장
	- 2010년, 중국과 GDP 2, 3위 역전
	- 2004년 방위계획대강, 중국을 위협세력으로 규정
	- 2005. 7, 방위백서, 중국의 군사적 위협 공식 언급
	- 2010년 9월 이후, 중국과 동중국해 센카쿠 열도 관련 갈등 심화
	- 2010. 12, 신방위계획대강, 중국견제 목적 동적방위력 개념 도입
	- 2014-15년, 시진핑 주석, 아베총리와 2차례 정상회담
	- 2015년 중국 군사전략에서 미국의 지역 개입 비난
對러시아	- 1956년 일소 국교 정상화, 쿠릴열도 영토 분쟁 지속
	- 1991년 이후 소련 붕괴 이후 경제적 지원 활용, 4개 섬 반환 시도
	- 1993. 10 옐친 일본 방문
	- 2000년 이후 대러 영토 반환 공세 시작
	- 2012년 아베 정권 등장 이후 대러시아 정책 적극 추진
	- 2016. 12, 일러 정상회담, 경제적 협력 도모, 영토분쟁 진전 미미
對한반도	- 1965년 한일 국교정상화, 독도영유권 노골적 주장
	- 1990년 이후 북일 관계정상화 교섭
	- 1998년 한일공동선언, 일본문화 개방
	- 2001년 역사교과서 문제로 한일관계 악화
	- 2006-7년, 북한의 미사일 발사 계기 NSC 설립 적극 추진, 2013. 12, NSC 창설
	- 2016년, 한일군사정보보호협정 체결

일본의 보통국가론은 오자와 이치로에 의해서 제시되었는데, 일본의 패전시대는 마무리되고 보통국가의 시대를 맞이해야 한다는 의미의 주장을 하였다. 이를 계기로 최소한의 본토 방어 개념인 전수방위 개념이 약화되고 타국과 교전이 가능한 보통국가론이 부상하였으며, 미국의 이해관계와 맞아떨어져 동력을 갖게 되었다.

최근의 미일관계는 매우 밀접하게 진화되고 있는데 미 · 일 안전보장 체제의 확대 · 발전과 일본의 군사적 · 정치적 역할의 증대가 그것이다. 양국은 1996년 4월 '미 · 일 안전보장 공동선언 : 21세기를 향한 동맹'(Japan-Us Joint Declaration on security-Alliance for the 21st Century, 이하 '미일 신안보공동선언')를 발표하였고, 1997년 9월 새로운 미 · 일 '방위협력지침' 을 제정하였다. '방위협력지침' 은 유사시 대비하는 범위를 지리적 개념에서 상황적 개념으로 바꾸어 보다 적극적이고 확대된 범위를 규정함으로써 자위대의 역할이 아시아 · 태평양 지역으로 확대될 수 있음을 담고 있다. 2004년 12월에 발표된 '신방위계획의 대강' 에서는 중국을 안보 불안 요인으로 지적하였는데, 이는 미국이 인식하는 위협인식과 맥락이 같다.

미일 양국관계는 지역동맹으로서 뿐만 아니라 전 세계적인 문제에서도 협력하고 있으며, 특히 북한의 핵무장에 대해서도 적극적인 역할을 주장하고 있다. 일본은 아베 총리가 2013년 9월 유엔에서 밝힌 국제평화유지활동에 자위대가 적극적으로 참여하여 세계평화와 안정에 기여하겠다는 소위 '적극적 평화주의' 를 근거로 방위정책을 보다 능동적으로 전환하고 있다. 아울러 일본은 2014년 4월 방위장비 이전 3원칙을 제정하여 '무기와 군사장비의 수출 제한을 대폭 완화하고, 집단적 자위권 행사가 가능' 하도록 헌법 해석을 변경하였는데, 자위대의 역할이 확대되고 있음을 의미한다.

2) 對중국관계

일본과 중국의 관계는 한일관계와 같은 역사적 대립과 함께 지역패권을 공유할 수 없는 경쟁국으로서의 특징을 가지고 있다. 일본과 중국은 만주사변, 중일전쟁, 태평양전쟁에 이르기까지 전쟁과 갈등을 겪으면서 상호간 극도의 불신감과 함께 견제의 심리를 가지고 있다. 이러한 배경 때문에 양국간 수교를 맺는데 어려움이 있었으나 미중간의 수교가 일본 국내의 여론을 변화시키는 계기가 되었다.

자민당 총재 선출시 일중 수교를 공약으로 내세운 다나카 총리가 1972년 9월 중국을 방문하여 모택동과 주은래를 만나고 외교관계를 수립하였으며, 대만과는 단교하였다. 이때에 중국은 전쟁배상을 포기하였고, 일본에서는 전쟁과 관련한 사과를 하였다. 2006년 10월의 아베 총리 방중시에는 양국간 전략적 호혜관계를 합의한 바 있다. 이후 양국 수뇌의 상호방문이 이루어지고 있다. 2018년 10월 아베 총리의 방중을 통해 양국은 '더 이상 위협이 아닌 협력파트너' 임을 공식적으로 천명하였다. 그러나 중일관계는 여전히 영토와 역사문제가 걸려 있어서 질적인 측면에서 호혜관계가 아닌 대립과 경쟁의 관계로 진화되고 있다.

1971년부터 시작된 일본과 중국의 센카쿠열도 분쟁은 미국의 군사적 개입을 초래할 정도로 민감한 사안이 되고 있으며, 일본이 2004년의 방위계획대강, 2005년의 방위백서 등에서 연이어 중국을 군사적 위협세력으로 규정하는 빌미가 되고 있다. 동시에 중국도 미국의 대중 견제에 공조하는 일본을 극도로 경계하는 입장이다. 중국의 군비확충과 중러의 접근은 북한의 핵무장과 함께 일본의 전략증강 명분으로 활용되고 있다.

대륙의 맹주인 중국은 러시아와 연대하여 미일동맹체제에 대응하고 있으며, 미국의 미사일방어체제 개발, 대북제재 등 국제적 사안에 대해 미국과 대립하고 있다. 동시에 중국은 군사적 잠재력과 기술력이 뛰어난 일본과 지역에서의 경쟁을 염두에 두고 일대일로 정책을 펼치고 있어서 이러한 경쟁구도는 쉽게 진정되지 않을 기세다.

한편, 양국간 군사적 경쟁관계도 갈수록 심화되고 있는 바, 중국은 2006년 이후 군사현대화계획을 수립하고 첨단 컴퓨터 기술 개발, 대형 항공기 제작, 첨단의 원자로 구축, 유인 우주비행 등을 추진하고 동시에 장거리 핵미사일, 핵잠수함, 전략전폭기 등을 배치시키며 지역내의 영향력을 증대시키고 있다. 이에 맞선 일본도 미사일 방어체계를 구축하고, 첨단 이지스함의 진수, 다량의 해상초계기 및 F-X로 명명된 차세대 전투기 도입 사업을 추진하고 있다.

3) 對러시아관계

일본과 러시아의 관계는 구소련의 관계의 연속성 상태에서 설정되고 있다. 일본과 소련은 1956년 10월 상호간 '전쟁상태 종료 및 평화 우호관계 회복에 관한 공동성명' 으로 국교를 정상화하였으며, 소련의 해체 이후인 1991년 12월 소련을 계승한 러시아가 이를 계승하였다. 냉전시 소련은 일본의 가상적국이었으나 소련의 개혁개방과 냉전 이후 경제관계 개선을 위해 화해의 단계로 변화되었다.

1997년 7월 하시모토 총리의 '신뢰, 상호이익, 장기적 관점' 이라는 외교 3원칙에 의해 관계 회복의 계기를 만들었고, 러시아에서의 양국 정상회담에서 '2000년까지 평화조약 체결, 양국간 경협 추진, 정상회담 정례화, 군사안보교류 강화' 등에 합의하였다. 1998년 11월에는 오부치 총리가 러시아를 방문하여 모스크바 선언을 통하여 '창조적 동반자 관계' 구축 및 북방 4도 국경획정소위원회 구성에 합의하였다. 이후 2001년 3월과 2003년 1월, 2010년 6월의 일본 총리 방러, 2007년의 독일 G8정상회의 등으로 양국 정상간의 회동이 이어졌다.

그러나 일본과 러시아간의 가장 난제인 북방4도의 영토문제가 남아 있어서 양국 관계의 불씨가 되고 있다. 북방4도 영토문제는 러시아가 실효적 지배 중인 쿠릴열도 최남단 4개 도서, 즉 에토로후, 구나시리, 시코탄, 하보마이의 귀속문제를 둘러싼 일본과 러시아간 영유권 분쟁을 말하는데, 총면적이 약 5,000㎢로서 약 9,000명이 거주하고 있다.

북방 4도는 1855년에 체결한 '러 · 일 화친조약' 에서 양국은 북방4도를 일본의 영토로 하는 국경 획정에 합의하였고, 러일전쟁에서 승리한 일본은 1905년에 러시아와 맺은 '포츠머스 조약' 으로 북위 50도 이남 사할린 지역의 영유권을 획득하였다. 그러나 1945년 '얄타 협정' 및 '포츠담 선언' 에서 소련의 대일 참전의 대가로 1945년 8월부터 9월 사이에 소련은 남쿠릴열도를 점령하고 이곳에 거주하던 일본인 약 1만 7천 명에게 강제퇴거 조치를 내렸다. 제2차 세계대전에서 패전한 일본은 1951년에 미국과 '샌프란시스코 강화조약' 을 맺었는데, 이 조약의 제2조에 일본이 쿠릴열도 및 1905년 '포츠머스 조약' 으로 획득한 사할린 일부와 인접 제도에 대한 모든 권리와 청구권을 포기할 것을 명기하였다.

그러나 일본은 동 규정의 쿠릴열도 범위에 남부 쿠릴열도(에토로후, 쿠나시리, 하보마이, 시코탄)가 포함되지 않는다고 주장하여, 러 · 일 양측간 해석상의 불일치가 발생하고 있다. 1990년 고르바초프 대통령이 집권한 이후로 일본측과 영토문제를 협의할 수 있다는 것으로 러시아측의 입장이 변화되었고, 1991년 4월 고르바초프 대통령의 영토문제 공식 인정, 1993년 '도쿄 선언' , 1997년 '크라스노야르스크 선언' , 1998년 '모스크바 선언' 을 비롯하여 각종 러 · 일 정상회담을 계기로 북방4도 문제를 계속 협의하고 있으나, 영토문제를 조기에 해결하고 평화조약 체결을 위해 노력한다는 합의 외에 실질적 진전은 이루지 못한 상태이다.

일본은 소련이 '샌프란시스코 강화조약' 의 당사국이 아니며, 동 조약으로 러시아에 반환하기로 한 쿠릴열도의 범위에 북방4도는 포함되지 않으므로 북방4도의 주권은 일본에 귀속되며, 러시아가 불법점거 중이라는 입장으로서 1981년부터 2월 7일을 '북방영토의 날' 로 지정하였으며, 북방4도 거주 러시아인과 일본인간 무여권 · 무사증 상호방문사업을 진행하였고, 2010년 '북방영토 문제 등의 해결 촉진을 위한 특별 조치에 관한 법' 을 제정, 시행하고 있다.

이에 반하여 러시아는 1951년 '샌프란시스코 강화조약' 에 따라 일본이 북방4도에 대한 권리를 포기하였다는 입장이다. 2010년 11월에는 메드베데프 대통령이 구나시리를 방문하였으며, 2010년 12월에는 슈발로프 제1부총리가 구나시리 등 2개 섬을 방문하여 러시아가 실효 지배하고 있다는 것을 보여주었다.

4) 對한반도관계

한국과 일본은 지리적 근접성으로 인하여 양국간 빈번한 정치적 · 군사적 · 사회적 · 문화적 · 경제적 교류가 이루어지는 관계다. 양국은 상호간 상당한 영향을 미쳐 왔으며, 일본의 제국주의적 행태로 인하여 일제침탈이 이어지면서 적대적 역사를 경험하게 되었다. 35년간의 일본 통치하에서의 한일관계는 일제의 한국민족에 대한 식민지주의적 경제착취, 민족성의 말살, 일본제국주의의 대륙침략에 한국인을 강제적으로 동원한 민족 대 민족의 불행한 관계였다.

해방 직후 양국간 갈등이 첨예하였지만 1965년 12월 18일에 정식 외교관계가 수립되면서 한일간의 국교가 정상화 되었고 대사관과 총영사관 등이 개설되었다. 그동안 한일관계는 정상적인 국가간의 정상적인 관계 증진에도 불구하고 영토문제와 교과서문제, 위안부 등 역사문제 등으로 갈등이 상존하는 상태라고 할 수 있다. 작금의 양국관계는 경제적인 측면에서도 상호 제3의 교역국이며, 인적교류도 세계 2위에 해당한다. 양국 정상간에도 매년 꾸준한 정상회담이 이루어지고 있는 상태라고 할 수 있다.

일본과 북한의 관계는 1990년 이후 정상화를 시도하고 있지만 아직까지도 개선되지 못한 상태다. 일본은 북한을 오히려 이용하고 있는데, 북한의 핵무장을 빌미로 보통국가화의 추진과 자위대의 전력증강에 박차를 가하고 있다. 북한은 미사일 발사실험을 할 때에도 발사방향을 일본으로 조정하는 등 노골적인 적개심을 드러내고 있다.

북한과 일본은 2000년대 초 관계회복을 위해 노력했으나 제자리로 돌아가는 것을 반복하고 있다. 2002년과 2004년 고이즈미 총리의 방북이 있었다. 2006년 10월 북한의 핵실험 후 일본에선 방위문제가 급부상하였는데, 이듬해인 2007년 1월 9일에 방위청은 방위성으로 격상되는 계기가 되었다. 북일관계의 가장 중심적인 의제는 일본인 납치문제로서 이로 인해 일본의 대북접근이 제한을 받는 상황이다. 반대로 북한은 과거사문제와 위안부문제를 들어 일본을 비난하고 있다. 2013년에는 아베 내각의 특명담당인 이지마가 방북하고 아베 총리의 방북이 예상된 적이 있었으나 무산되었고, 2014년 5월 29일에 양자간 납북일본인 재조사에 합의했으나 북한의 핵무장과 일본의 우경화로 인하여 진전이 없는 상태다.

나. 위협 인식

일본의 위협인식은 '〈표 III-5〉 일본의 위협인식 및 안보전략'에서와 같이 체제와 지역측면에서 나타나고 있는데, 체제와 지역 위협 공히 중국과 북한의 핵무장이 위협으로 제시되고 있다. 특히 중국에 대한 위협과 관련하여 1995년의 방위계획대강에서는 중국을 명확하게 위협으로 명시하지 않았지만 2004년의 방위계획대강에서는 잠재적 위협으로 명시하고 있다. 중국의 위협은 특히 일본의 우경화 세력에게 유용한 동기가 되었는데, 센카쿠 열도에서의 충돌, 중국의 제2경제대국 부상, 중국의 방위비 지출의 급격한 증가 등이 직접적인 중국 위협의 원인이 되었다.[67] 2013년 12월 방위계획대강 은 2010년 방위계획대강에서 언급되었던 중국의 위협에 대응하기 위한 구체적 개념을 명시하고 있다.

일본의 안보위협에 대한 인식은 여러 곳에서 나타나고 있는데, 아베 총리는 2014년 7월 1일과 2015년 5월 14일의 기자회견에서 일본을 둘러싼 안보환경의 악화와 미일동맹의 강화를 통한 억지력의 강화, 세계평화와 안정을 위한 일본의 공헌을 반복해서 지적했으며, 특히 북한의 탄도미사일과 핵개발의 심각성에 대해 언급하였으며, 일본에 접근하는 국적불명의 항공기에 대한 자위대기의 긴급발진이 10년 전에 비해 7배 증가했음

〈표 III-5〉 일본의 위협인식 및 안보전략

구분	영역	내용
위협인식	체제	- 중 · 러 등 잠재적 적국의 위협 점진적 증대 - 체제 내 일본의 국가적 위상 저하 - 테러 등의 위협에 노출
	동북아	- 중국의 부상과 군사적 위협 - 북핵 위기 점증 - 한반도 내 군사적 갈등 상존
안보전략	체제	- 집단적 자위권 발동 태세 구축 - 유엔평화유지활동 등 국제적 위상 강화
	동북아	- 자위대 전력 증강 및 활동 강화 - 북핵 대비 한 · 미 · 일 군사동맹 강화 - 사이버전 강화 및 전략 무기 증강

67) 한의석, “21세기 일본의 국가전략,” 『국제정치논총』 제57집 3호(2017), pp. 504-509.

을 강조하면서 중국의 위협 증가를 강조했다. 또한 '분쟁지역에서 피난하는 일본인을 동맹국인 미국 함정이 수송하다가 일본 근해에서 공격을 받았을 때 집단적 자위권을 행사하지 못하면 미군 함정을 도울 수 없고, 결과적으로 일본 국민의 생명을 지킬 수 없다' 면서 집단적 자위권 행사의 필요성을 정당화했다.

또한 2015년 5월에는 '일본 근해에서 미군이 공격을 받으면 일본에도 위험이 미칠 수 있기 때문에 일본이 직접 공격을 받은 것은 아니지만 우리들 자신의 위기로 보고 자위대가 무력을 행사할 수 있도록 하겠다' 고 언급하기도 하였다. 2013년 12월에 발표된 국가안보전략에서는 신흥국의 부상에 따른 파워 밸런스의 변화, 대량살상무기의 확산과 국제테러 위협, 해양 · 우주공간 · 사이버공간과 같은 국제공공재에 대한 접근과 활용 방해 위협, 빈곤 · 전염병 · 기후변화 · 재해 · 식량 등의 '인간안보'와 글로벌한 경제 리스크 등을 안보상의 과제로 제시했다.

다. 안보전략과 주요 추진 현황

일본의 안보환경의 변화과정을 살펴보면 냉전기와 그 이후로 나눌 수 있으며, 현재의 아베정권이 그 근간을 이루는 데 많은 기여를 해 왔음을 알 수 있다. 일본의 1980년대에는 냉전기 통상국가론이 우세하였는데, 평화국가론에 충실한 상태에서 보수와 혁신의 양진영으로 재편되었으며, 자위대와 미일안보동맹이 쟁점화되는 시기다. 냉전 이후에는 일본사회의 보수화와 보통국가론이 부상하였는데, 냉전 붕괴, 걸프전쟁, 북핵, 중국위협론, 장기불황, 천재지변, 사회불안 확산 등의 국내에 환경변화에 부응하여, 미일동맹의 유지를 전제로 일본의 적극적인 국제공헌과 군사력의 보유, 헌법개정 추진 등이 논의되었다.

고이즈미 정권의 출범 이후 대외정책 기조로 보통국가론이 부각되었고 헌법논의 본격화, 미일동맹의 재조정, 국민통합 장치, 국가위기관리 태세 강화, 국제공헌 강화 등이 중심 의제였다. 2006년 9월 취임한 아베 신조 수상은 친미보수 성향의 인물로서 보통국가론의 신봉자였으며, 정치 및 경제분야 구조 개혁, 보수주의 이념의 제도화를 모색하였다. 아베가 인식하는 전후체제란 '패전 후 연합국에 의해 강요된 것이며, 그 총체적인 모습이 평화헌법' 이므로 이를 해체하고, 대신에 일본 국민의 자긍심을 가질 수 있는 국가를 세우는 작업을 강조하였다.

아베의 외교정책은 긴밀한 미일관계 유지 및 강화, 아시아 외교 강화, 국제공헌 · 경제협력 · 외교안보 기능 강화이며, 안보정책은 미일동맹의 강화와 일본의 군사적 역할 확대, 집단적 자위권의 확보(전력을 갖지 않는 군대와 최소한의 범위내의 무력사용 의미인 개별적 자위권과 달리 동맹의 신뢰 확보, 다국간 공동훈련, 주변사태 발생 대처 등 적극적인 무력사용 의미), 대북 억제력 확보, 정보 수집 능력 강화, 방위성 승격 등으로 요약된다.

일본은 보통국가로의 전환을 위하여 수십 년 동안 부단한 노력을 기울여 왔다. 그 내용을 개관해 보면 1991년부터 2003년 사이에 15개의 안보 관련 법안이 신설되었고, 2007년에는 방위청이 방위성으로 승격하였다. 2000년대 중반 이후 새로운 국가전략을 모색하였는데, 아베 총리는 2006년 9월의 취임 연설에서 헌법 개정을 자신의 과제로 표명하였다. 2007년 5월 헌법 개정을 위한 첫 단계로 헌법 96조의 개정절차를 위한 국민투표법을 통과시켰다. 2012년 12월 아베의 재집권 이후 이루어진 집단적 자위권(right of collective self-defense)에 대한 '해석개헌' 과 안보법안을 통과시켰다. 2013년 11월 국가안전보장기본법이 통과되었으며, 2013년에 국가안정보장회의(NSC)를 신설하였고, 2014년 7월 1일에는 '신3요건' 하에 집단적 자위권 행사가 가능할 수 있다는 해석 개헌을 단행하였다. 2015년 7월과 9월에는 국가안전보장관련법이 각각 중·참의원을 통과하여 가결되었다. 2015년 4월의 미일안보협력 가이드라인에서는 자위대의 적극적인 역할을 명시하였다. 특히 2015년 9월 통과한 안보법안들은 제한된 요건에서 집단적 자위권의 행사를 위한 법적 틀을 제공하고 있다.

위와 같은 과정을 거쳐 일본의 10년 안보를 규정하는 국가안보전략(National Security Strategy, 이하 NSS)에서 일본의 안보전략이 명시되어 있다. NSS는 '국제협조주의에 입각한 적극적 평화주의'를 기본이념으로 설정하고, 다음과 같은 3가지 안전보장 목표를 제시하고 있는데, ① 국가존립을 위해 필요한 억지력의 강화, ② 미일동맹의 강화와 역내·외 국가와의 협력관계 강화를 통한 안전보장환경의 개선, ③ 외교적 노력과 인적 공헌을 통해 평화롭고 안정된 번영하는 국제사회 구축 등이다.

앞서 언급한 바와 같이 NSS에서는 중국과 북한을 중대한 위협요인으로 규정했다. 중국 국방 분야의 불투명성 이외에 중국의 센카쿠열도침범과 동중국해 상공의 방공식별구역(ADIZ)설정을 '힘에 의한 현상 변경 시도'라고 하였고, 북한의 탄도미사일의 사거리 연장과 핵탄두의 소형화가 지역안보와 국제사회의 위협을 심화시킨다는 지적을 하고 있다. 이러한 우려를 불식시키기 위해 NSS는 ① 경제력과 기술력, 외교력과 방위력 등 일본의 능력과 이를 발휘할 수 있는 기반 강화, ② 자유, 민주주의, 기본적 인권의 존중, 법의 지배와 같은 보편적 가치나 전략적 이익을 공유하는 미국과의 동맹관계 강화, ③ 일본을 둘러싼 안보환경을 개선하기 위해 한국, 호주 및 아세안국가 등 아시아·태평양지역 국가들과의 외교안보협력 강화 등을 명시하고 있다.

한편, NSS에서 명시한 것들이 보다 구체화되어 실행하는 것이 방위대강과 중기방위력정비계획(2014-2018, 중기방)인데, 중기방은 방위대강에 따라 자위대의 방향성을 5년 단위로 제시하고 있다. 1976년에 처음 만들어진 방위대강은 1995년과 2004년 두 번 개정될 때까지 '기반적 방위력'의 개념을 담고 있었지만 2010년 개정 시 '정적 억지력'인 기반적 방위력

〈표 III-6〉 일본군의 주요 군사력 현황[68]

구분	세부 내용	현황(명/대)
병력	육군	15,1000
	해군	45,500
	공군	47,100
	기타	3,550
	소계	247,150
육군	사단/여단	9/6
	전차	687
	장갑차	792
	견인/자주포	422/166
	다련장/박격포	99/1103
	대전차유도무기	37
	지대공미사일	700
	헬기/항공기	412/8
해군	잠수함	18
	항공모함	–
	전투함	53
	소해함/상륙함(정)	27/11
	지원함	28
	헬기	131
공군	전략폭격기	–
	전투기	348
	지원기	377

68) 국방부, 위의 책, pp. 240-241.

은 고도의 운용 능력을 보여주는 '동적 방위력', 즉, 방위정책의 대상이 본토에서 주변지역과 세계로 확대되는 것으로 전환되었다. 2013년의 방위대강은 2010년 방위대강의 '동적 방위력' 개념을 더욱 발전시킨 '통합기동방위력' 구축을 담고 있는데 중국과 북한을 더욱 강하게 의식한 것이며, 특히 해군력을 강화하는 중국을 견제와 센카쿠열도의 방위 및 탈환을 고려한 육해공 자위대의 통합운용을 강화하고 있다.

일본은 자위대 예산에서도 대폭 증가했는데, 2014년의 중기방 소요예산이 약 24조 6,700억 엔이다. 자위대의 전력도 더욱 강화하고 있는데, 2013년도 방위예산을 전년 대비 1천억 엔 증액하였으며, 2014년도 방위예산은 10% 삭감을 요구한 재무성의 반대에도 불구하고 전년 대비 2.9% 증가시켜 4조 8,900억 엔이 되었다. 2009년 처음으로 아프리카의 지부티에 초보적인 해외군사기지를 설립했으며, 이 지역에서의 자위대 활동 중심지로 삼고 있다.

자위대의 구체적인 군사력은 '〈표 III-6〉 일본군의 주요 군사력 현황'에서 보는 것처럼 병력 24만여 명, 잠수함 18척, 전투기 348대와 9개 사단 및 6개 여단을 운용하고 있다. 그러나 일본은 제국주의의 후예로서 2차 세계대전을 치른 잠재력과 경제력을 바탕으로 한 첨단 기술력을 갖추고 있어서 하시라도 중국 등을 능가할 능력을 보유하고 있다고 평가된다.

3. 한국

가. 주변 4국 개관

한국과 미국 및 일본의 관계는 자유민주주의와 자본주의 경제체제라는 공동의 틀 안에서 발전해 왔다. 미국은 미군정을 통하여 한국과의 정치적 동반자 관계를 형성하였고, 6.25전쟁과 이후의 군사보호조약을 근거로 군사동맹의 관계를 형성하였다. 한반도 6.25전쟁은 종전이 되지 못하고 휴전상태로 지속되고 있는데 한반도 정전체제가 한반도의 분단 및 전쟁 지속 상태를 만들었다. 미국이 참전하고 한국과 군사동맹을 맺은 것은 북한을 사주한 소련의 남진을 저지하는 차원이었으며, 한반도를 완충지역화하는 의도가 담겨 있다.

현재의 한미관계는 미국의 아시아 전략에 매우 중요한 메커니즘으로 작동하고 있으며, 북중러의 전략적 동맹과 군사적 도발을 억제하는 기능을 하고 있음을 알 수 있다. 양국은 북핵미사일 도발, IS 등 테러 단체의 도발, 분쟁지역에서의 협력 등에 공동 대응하는 등 협력을 강화하고 있다. 한국은 북한의 핵실험에 따른 국제적 제재에도 적극 참여하고 있으며, 사이버 위협에 대응하기 위한 국제적 공조에도 참여하고 있다. 그러나 한미관계가 늘 순탄하지는 않았는 바, 1980년부터 1987년까지의 기간과 2000년 6월 남북정상회담 이후 주한미군 철수를 요구하는 반미감정이 고조된 적도 있다. 한미관계는 한국의 안보전략의 중요 축인 한미동맹에서 보다 상세히 다루고자 한다.

한일관계는 해방 직후 양국간 갈등이 첨예하였지만 1965년 12월 18일에 정식 외교 관계가 수립되면서 한일간의 국교가 정상화되었고 대사관과 총영사관 등이 개설되었다. 그동안 한일관계는 정상적인 국가간의 정상적인 관계 증진에도 불구하고 영토문제와 교과서문제, 위안부 문제를 비롯한 역사문제 등으로 갈등이 상존하는 상태라고 할 수 있다.

작금의 양국관계는 경제적인 측면에서도 상호 제3의 교역국이며, 인적교류도 세계 2위에 해당한다. 양국 정상간에도 매년 꾸준한 정상회담이 이루어지고 있으며, 1994년부터 국방장관회담을 정례적으로 개최해 왔는데, 2009년 제14차 국방장관회담에서 '한일 국방교류에 관한 의향서'

를 체결하여 양국간 국방 교류협력의 기반을 마련하였다. 특히 한 · 일 · 중 3국 협력체제를 구축하여 2008년 12월 이후 2018년 5월까지 총 7차례의 정상회담을 개최하였으며, 장관급고위급실무급 등 정부간 주요협의체를 만들어 제반 분야에 대한 논의를 계속하고 있다.[69]

한중관계는 1992년 수교를 계기로 각 분야에서 발전을 거듭하고 있다. 한국은 북한에 대한 중국의 전략적 위상 고려하였고, 중국은 한국과의 경제적 이익과 동북아에서의 영향력 증대를 감안하여 이루어진 대사건이었다. 그동안 노무현, 이명박, 박근혜, 문재인 대통령의 중국방문이 이루어졌으며, 중국도 국가주석을 포함한 고위급의 한국 방문이 이루어지고 있다.

안보 측면에서는 2013년과 2014년 채택된 '한중 미래비전 공동성명'과 '한중 공동성명'을 통하여 협력을 강화하고 있으며, 2013년 6월에는 한국의 합참의장과 중국 총참모장간 회담, 2015년 2월 국방부장관간 회담을 개최한 바 있는데, 양국간 전략적 소통과 중국군 유해 추가 송환 등을 논의하였다. 2015년 12월 한중 국방부간 직통전화가 개설되었는데, 이외에도 군 수뇌부 및 실무자간 회의, 문화 및 체육 교류, 공동 학술회의 개최 등의 협력이 이루어지고 있다.

한러 관계는 냉전의 해체 과정에서 극적으로 이루어졌다. 1990년 2월 소련에 한국 영사관이 개설되고, 같은 해 9월 30일 양국간 외교관계가 수립되었고 대사관이 설치되었다. 한러간의 관계는 소련 말기에 이루어진 북방정책에 의해 추진되었는데 양국 정상의 방문을 통하여 관계를 다져

69) 한 · 일 · 중 3국 협력체제는 1999년 마닐라에서 개최된 ASEAN+3 정상회의를 계기로 김대중 대통령, 오부치 케이조 총리, 주룽지 총리가 조찬회동에서 결정한 사항으로 3국이 윤번제로 정상회의를 개최하기로 하였으며, 정부가 협의체는 21개 장관급회의를 포함 60여 개의 협의체를 운영중임. 2011년 9월 상설사무국이 서울에 설립되었음. http://www.mofa.go.kr/www/wpge/m_3963/contents.do(검색일: 2018년 8월 28일).

〈표 III-7〉 남한의 주요 대외 안보관계 현황

구분	주요 내용
對미국	- 2009. 6, 한미 간 한미동맹 미래비전/확장억지력 채택
	- 2013 한미동반자 관계 모색
	- 2017. 3, 사드 배치 전격 시행
	- 2017-18년 간, 대북 외교, 경제 압박, 대북제재 전방위 시행
	- 2017. 11 트럼프, FTA개정 협상 및 동맹역할 강조
	- 2018년, 트럼프, 북핵 대비, 북핵 관련, 저강도 핵무기 다양화, 북한 정권 종말 등 언급
對중국	- 1992년, 한중수교
	- 1998년, 2008년 두 차례 금융위기 시 한중간 경제협력 구조 정착
	- 2013년, 북핵 3차 실험 후 대북 금융제재 착수
	- 2013년 한중미래 공동비전, 2014년 한중공동 성명 채택
	- 2015년 한국의 AIIB 가입, 박근혜 대통령의 전승절 참석, 한중 FTA 비준 등 적극적 외교관계 추진
	- 2015. 9 시진핑－오바마와 정상회담 시 북한 비핵화 의지 확인
	- 2017년 상반기 사드문제로 한중관계 악화
	- 2017. 10. 31, 한중 양국, 한중관계 개선 협의
	- 2017. 10 한중간 통화스와프 연장 합의 및 국방회담 개최
對러시아	- 1990. 2 주소련 한국 영사관 개설
	- 1990. 9 외교관계 수립
	- 1990. 12 노태우 대통령 방러
	- 1994년 러시아의 KEDO 참여 좌절/1996년 4자회담 소외
	- 2001. 2 푸틴 서울 방문
	- 2008년 양국간 전략적 동반자 관계 합의
	- 2008년 8차 6자회담 이후 회담 재개 촉구
	- 수교 이후 양국간 총 17회 상호방문, 국제무대에서 정상회담 개최
對일본	- 1965년 한일 국교정상화, 독도영유권 노골적 주장
	- 1994년 이후 국방장관회담 정례화
	- 1998년 한일공동선언, 일본문화 개방
	- 1999년 한 · 일 · 중 3국협력체제 구축
	- 2001년 역사교과서 문제로 한일관계 악화
	- 2016년, 한일군사정보보호협정 체결
	- 2008년 이후 현재까지 총 7차례의 정상회담 개최

왔다. 1990년 12월 노태우 대통령의 러시아 방문 이후 김영삼(2회, 퇴임 이후인 2011년 5월 방러)·김대중·노무현(2회)·이명박(2회)·박근혜·문재인(2회) 대통령의 러시아 방문이 있었으며, 러시아에서는 고르바초프·옐친·푸틴(3회)·메드베데프 대통령의 한국 방문이 이루어졌다.

또한 UN 총회, APEC 정상회의, G-8 회의 및 G20 정상회의를 통해서도 정상 간 회담이 이루어졌다. 이러한 만남은 정치·경제·에너지·과학기술 등의 관계 발전으로 이어졌다. 2008년 양국 관계가 '전략적 협력동반자 관계'로 격상된 이후 북핵문제 등에 대한 협력 등 안보차원의 협력을 강화하고 있다. 이외에도 국방·안보분야 고위급 인사교류 확대와 차관급 대화 정례화 등의 협력을 다지고 있다.

나. 남북관계

남북한은 분단 이후 체제의 사활을 건 대립의 길을 걸어왔다. 분단 이후 김일성·김정일·김정은으로 이어지는 세습체제는 1인독재의 유일지배체제를 구축하여 어떠한 정치적 도전을 불허하고 있다. 이 체제 안에서는 김일성 왕조만이 권력을 소유하고 승계하는 유일지배체제가 작동되는데, 유일지배체제는 김정일이 후계자로 내정된 이후 주체사상을 김일성주의로 공식화하고 북한 사회를 김일성주의로 포장하면서 구체화되었다.

김정일은 1974년 4월 '유일사상체계확립의 10대 원칙'을 공표하고 수령절대주의 체제 구축을 위한 제도적 기반을 확립하였다. 유일체계 10대 원칙은 '신격화·절대화·신조화·무조건성' 강조, 권력의 완전한 장악과 세습을 담고 있어서 제3의 세력 혹은 북한 사회를 변화시킬 시민동력의 발아가 근본적으로 차단되고 있다. 이러한 체제하에서 북한은 당규약 및 헌법에 대남적화통일을 명시하고 있어서 남북관계는 항시 대립의 길로 회귀되는 결과를 만들고 있다.

북한은 당규약에서 '당면목적은 전국적 범위(한반도)에서 민족해방과 인민민주주의 혁명의 과업을 수행하는 데 있으며, 최종목적은 온 사회의 주체사상화하여 인민대중의 자주성을 완전히 실현하는 데 있다. …(당건설의 기본원칙으로서) 남조선에서 미제의 침략무력을 몰아내고 온갖 외세의 지배와 간섭을 끝장내며, …남조선 인민의 투쟁을 적극 지지성원하며 우리 민족끼리 힘을 합쳐 자주, 평화통일, 민족대단결의 원칙에서 조국을 통일하고 나라와 민족의 통일지역 발전을 이룩하기 위하여 투쟁한다' 라고 명시하고 있다.

헌법 서문에서도 '김일성과 김정일이 통일의 강력한 보루를 다지고, 통일의 근본원칙과 방도를 제시하고, 통일을 전민족운동으로 발전시키고 있다' 는 표현을 사용하고 있다. 또한 북한은 무력 통일을 전제하고 있는데, 민족참상인 6.25전쟁의 경험, 자주, 평화, 친선의 대외정책 원칙을 내세우고 있지만 오직 무력을 확보하기 위하여 중국과 소련과 혈맹의 관계를 유지, 6.25전쟁 이후에도 무력증강 지속, 1960년대부터 4대 군사노선을 추진하여 상시 전쟁체제 유지, 수백 회에 달하는 대남도발과 함께 공세적인 대남전략, 그리고 핵무기 개발 등이 이를 반증하고 있다.[70)]

〈표 III-8〉 연대별 북한의 침투 및 국지도발 현황[71)]

구분	1950	1960	1970	1980	1990	2000	2010	계
계	398	1,336	403	227	227	250	264	3,119
침투	379	1,001	310	167	94	16	27	2002
국지도발	19	327	93	60	156	225	237	1,117

70) 박영택, 『북한 김정은 체제 이해』(서울: 북코리아, 2017), pp. 35-56.
71) 국방부, 위의 책, p. 267.

북한의 무력적화통일 야욕은 그 동안의 도발에서 잘 드러나 있다. 국방부에 의하면 북한의 침투 및 국지도발은 1950년대 이후 꾸준히 지속되어 왔는 바, '〈표 III-8〉 연대별 북한의 침투 및 국지도발 현황' 에서와 같이 1950년대의 405건을 시작으로 2010년대에 252건에 이르는 등 침투가 1,977건, 도발이 1,117건에 이르고 있다. 6.25전쟁 기간 한반도를 초토화 시켰던 북한의 중무장 세력은 한국의 군사적 발전과 한미 연합전력의 우위로 인하여 그 위력이 반감되고 있는 상태다. 이에 따라 북한은 핵무장을 통한 열세만회를 도모하고 있으며, 그동안 추진해 온 비대칭 전력의 강화에 집중할 것으로 예상되고 있다. 300밀리 방사포 등 장사정포와 대전차 유도무기의 증강, 무인기 개발, 6,800여 명에 이르는 사이버전 인력 양성을 통한 사이버 능력 강화하고 있다.

북한은 미사일 성능 개발에도 집중하고 있는데, 300km의 스커드-B, 500km의 스커드-C, 1,300km의 노동미사일, 사거리를 연장시킨 스커드-ER, 3,000km 이상의 무수단 미사일, 대포동 1,2호, ICBM급의 KN-08, KN-14 등을 개발하였다. 이밖에도 2,500-5,000톤 규모의 화학무기와 탄저균, 천연두, 페스트 등 다양한 종류의 생물무기도 보유하고 있다.[72]

그러나 남북관계는 북한의 화전양면 전술에 따라 수시로 협상과 교착국면을 반복해 왔는데, 이러한 현상의 영향을 받는 대표적인 분야가 남북한교류협력이다. '〈표 III-9〉 남북 교류협력 주요 현황' 은 남북간의 교류협력 과정을 보여주는 내용이다. 남북한은 6.25전쟁 이후인 1960년대까지 교류의 단초를 마련하지 못하다가 1971년에 들어와 중앙정보부장 이후락의 방문과 김일성과의 비밀회담을 계기로 남북적십자 회담과 남북조절위원회 등이 열렸다. 그러나 이러한 협상 분위기도 1974년의 육영

72) 국방부, 위의 책, pp. 25-26.

〈표 III-9〉 남북 교류협력 주요 현황[73]

연도	내용
1950-1953	- 6.25 전쟁/남북한의 전쟁 피해 심각
1950-60년대	- 남북한 간 교류협력 단절
1971. 8-1973. 7	- 남북적십자 예비회담(25회) 및 본 회담(7회) 개최
1972. 11-1973. 6	- 남북조절위원회 3회 개최
1984. 11-1985. 11	- 남북경제회담 5회 개최
1995. 6-1995. 10	- 대북 식량지원 15만 톤
1998. 11	- 금강산 관광 시작
2000. 6. 15	- 남북정상회담 개최
2002. 9	- 경의선동해선 철도도로 연결 착공식
2004. 6	- 개성공단 시범단지 준공
2007. 10. 3	- 남북정상회담 개최
2008. 7. 12	- 금강산 관광객 피격사건으로 관광 중단
2016. 2	- 핵실험/장거리 미사일 발사로 개성공단 전면 중단
2018. 2	- 평창 동계올림픽 북한 참가
2018. 4-5	- 남북정상회담 2회 개최(판문점)
2018. 9. 18	- 남북정상회담(평양)

수 여사 저격사건, 1976년의 제3땅굴 발견 사건 및 판문점 도끼만행사건에 의해 경색되었다.

1980년대에도 남북한간 관계가 변화되지 않았으나 1990년대에 들어와 남북 상호간의 접촉이 이루어져, 1991년 12월 남북기본합의서에 합의하였다. 남북기본합의서에는 '남북 상호간의 체제를 인정하고 내정간섭을 하지 않으며 무력을 사용하지 않는다' 는 내용이 포함되어 있다. 이 와중에 남북한은 북한의 탈냉전 시기의 전략적 고려에 힘입어 1991년 9월에

73) 통일부, 남북교류협력 현황; https://www.unikorea.go.kr/unikorea/business/cooperation/status/history/, 검색일: 2018년 9월 6일).

UN에 동시 가입하였다. 그러나 이러한 기류도 한미연합훈련의 재개와 북핵문제가 불거지면서 남북관계는 다시금 경색되었다. 남북관계는 1994년 7월의 김일성 사망과 1996년의 강릉무장공비 침투사건, 북미간 핵 갈등으로 더욱 악화되었으며, 북한 내부 경제의 피폐로 야기된 고난의 행군이 지속되어 상황 악화를 심화시켰다.

이러한 남북관계가 개선되기 시작한 시점이 6.15 공동선언이다. 비록 이명박 · 박근혜 정부 기간 북한의 핵문제를 선결하고자 하는 정책으로 인하여 남북관계가 경색되기는 했지만 남북교류협력은 꾸준히 그 명맥을 이어 왔다. 남한의 대외 관계 및 대북정책은 1980년대 말 냉전이 종식되면서 활발해지기 시작했다.

노태우 정부에 들어서 북방정책을 통해 대북관계의 개선이 시작되었으며, 1991년에 남북이 기본합의서를 채택하고 유엔에 동시 가입하였다. 1998년에 들어선 김대중 정부는 햇볕정책으로 남북관계 개선에 주력하였고, 2000년 6월 남북정상회담이 개최되었다. 2003년에 출범한 노무현 정부는 햇볕정책의 정신을 계승하였는 바, 2007년 10월 제2차 남북정상회담이 개최되었다.

그러나 2008년에 집권한 이명박 정부는 '6.15합의' 와 '10.4선언' 을 이행하지 않았고, 북한의 비핵화를 전제한 비핵 · 개방 · 3000의 대북정책을 표방하였다. 2010년 3월의 천안함 피폭과 같은 해 11월의 연평도 포격사건으로 인하여 남북관계는 극도로 악화되었으며, 박근혜정부도 신뢰프로세스를 대세워 북한의 핵포기와 북한붕괴에 따른 통일을 내세워 남북관계는 더욱 냉각되었다.

2017년 촛불시위 이후 선거를 통해 집권한 현 정부는 김대중 · 노무현 정부의 대북정책을 이어가고 있는 바, 2000년 '6.15합의' 와 2007년 '10.4선언' 을 중시하겠다는 입장이다. 2017년 극도로 악화된 북미관계 상황하에서도 문재인 정부는 2018년 4월의 남북정상회담 개최에 이어 같은 해 6월 북미수뇌회담을 이끌어낸 바 있다.

이러한 남북교류협력을 통하여 그동안 1989년 이후 현재까지 146만여 명, 1998년 이후 금강산 · 개성 · 평양 관광객 204만여 명, 1989년 이후 현재까지 교역액 248억 천 9백만 달러, 1995년 이후 현재까지의 대북 인도적 지원은 3조 2,871억 원, 1985년 이후 현재까지 이산가족 상봉 3만여 명, 북한이탈주민 3만여 명, 그리고 남북회담이 총 643회에 이른다.[74]

다. 위협인식 및 안보전략

대한민국 정부는 국정과제에서 '평화와 번영의 한반도' 라는 항목에서 강한 안보와 책임국방이라는 전략을 내세우고 있는데, 이때 언급한 위협으로서 북한의 핵 및 미사일 위협, 사이버 위협, 독도 및 역사 왜곡문제, 보호무역주의 등을 언급하고 있다. 군의 위협인식도 그 범주 안에 있는데, 2016국방백서 서문에서도 북한의 핵실험과 미사일 발사 및 사이버 도발을 지적하고 있다.

이러한 내용을 종합해 볼 때 한국의 위협인식은 '〈표 III-10〉 한국의 위협인식 및 안보전략' 에서와 같이 체제 차원에서는 강대국간 패권경쟁에 의한 정세 불안, 북한의 핵무장 등 불량국가의 준동, 테러 및 국제범죄에 대한 국민의 피해 우려 등을 들 수 있고, 동북아 차원에서는 주변 4국간 패권경쟁에 의한 안보 불안정, 북 · 중 · 러 삼각동맹의 결속에 따른 군사적 불안정, 그리고 일본의 보통국가화에 따른 잠재적 위협을, 한반도 차원에서는 북한의 재래식 및 핵위협, 한미동맹의 약화에 따른 한반도 안

74) 통일부, 『2018 통일백서』(서울: 통일부, 2018), pp. 260-271.

〈표 III-10〉 한국의 위협인식 및 안보전략

구분	영역	내용
위협인식	체제	- 강대국 간 패권경쟁에 의한 정세 불안 - 북한의 핵무장 등 불량국가의 준동 - 테러 및 국제범죄에 대한 국민의 피해
	동북아	- 주변 4국간 패권경쟁에 의한 안보 불안정 - 북 · 중 · 러 삼각동맹의 결속에 따른 군사적 불안정 - 일본의 보통국가화에 따른 잠재적 위협
안보전략	한반도	- 북한의 재래식 및 핵 위협 - 한미동맹의 약화에 따른 한반도 안보 불안 가능성 - 주변 4국간 대립의 직 · 간접 파급 영향 우려
	체제/ 동북아	- 북핵문제의 평화적 해결 및 평화체제 구축 - 국민외교 및 공공외교를 통한 국익 증진 - 주변 4국과의 당당한 협력외교 추진 - 동북아플러스 책임공동체 형성
	한반도	- 북핵 등 비대칭 위협 대응능력 강화 - 굳건한 한미동맹 기반 위에 전작권 조기전환 - 국방개혁 및 국방 문민화의 강력한 추진 - 방산비리 척결과 4차 산업혁명시대의 방위산업 육성

보불안 가능성, 그리고 주변 4국간 대립의 직간접 파급 영향 우려로 요약할 수 있다.

이러한 위협에 대한 대비는 〈표 III-10〉에서와 같이 국정과제를 통하여 잘 표현되고 있는 바 체제 및 동북아 차원의 전략에서는 첫째, 북핵문제의 평화적 해결 및 평화체제 구축에서는 완전한 핵폐기, 비핵화 여건조성, 남북한간 정치 · 군사적 신뢰구축을 중심과제로 설정하였는 바, 비핵화를 통한 한반도 평화정착 실현과 평화통일 토대마련을 위하여 다음과 같은 세부 실천계획을 제시하였다.

[완전한 핵폐기]

• 2020년 합의 도출을 위해 동결에서 완전한 핵폐기로 이어지는 포괄적 비핵화 협상 방안 마련, 비핵화 초기 조치 확보 및 포괄적 비핵화 협상 재개 등 추진
• 굳건한 한미동맹, 국제사회 공조를 바탕으로 북한 추가 도발 억제
• 6자회담 등 의미 있는 비핵화 협상 재개로 실질적 진전 확보
• 제재와 대화 등 모든 수단을 활용한 북한 비핵화 견인

[비핵화 여건 조성]

• 대북제재 상황을 감안하면서, 남북대화 · 교류협력 등 남북관계 차원의 북한 비핵화 견인

[남북간 정치 · 군사적 신뢰 구축]

• 북한 비핵화 추진과 함께 남북대화를 통해 초보적 신뢰 구축 조치부터 단계적으로 심화

[평화체제 구축]

• 20117년 중 로드맵을 마련하고 비핵화 진전에 따라 평화체제 협상 추진, 북핵 완전해결 단계에서 협정 체결 및 평화체제 안정적 관리

둘째, 국민외교 및 공공 외교를 통한 국익 증진 전략에서는 국민외교 시스템 구축, 외교 역량 강화, 국제사회 기여 확대, 통합적 공공 외교 추진을 중점 과제로 설정하였는 바, 국민을 지지 기반으로 하는 외교역량을 확충하고 우호적 외교환경을 조성하기 위해서 다음과 같은 세부 실천계획을 수립하여 시행하고 있다.

[국민외교시스템 구축]

• 외교정책에 대한 대국민 소통 · 참여 기능 강화를 위해 온 · 오프라

인 플랫폼 구축, 여론조사 등 추진

• 국민외교 TFT 설치, 전담 조직 등 설립 추진으로 통합적인 국민 외교 체계 확립

[외교 역량 강화]

• 자유로운 소통이 가능한 조직문화 구축, 외교 역량 검증 강화 등을 통한 인사관리 신뢰 확보, 외교인력 확충 및 전문성 강화

[국제사회 기여 확대]

• 민주주의 · 인권 · 테러리즘 등 글로벌 이슈 관련 기여 확대, 우리 국민의 국제기구 진출 확대 및 정부 차원의 지원체계 강화

[통합적 공공외교 추진]

• 공공외교 통합조정기구로서 공공외교위원회 구성 추진

• 제1차 5개년 공공외교 기본계획 수립 등을 통해 일관되고 체계적인 공공외교 수행 도모

셋째, 주변 4국과의 당당한 협력외교 추진 전략에서는 각국과의 관계를 강화하거나 내실화하는 방향으로 목표를 설정하고 주변 4국과의 협력을 통한 지역 번영을 선도하기 위하여 다음과 같이 국가별 실천계획을 제시하였다.

[한미관계]

• 정상 방미 등 활발한 고위급 외교 전개를 통한 한미동맹을 호혜적 책임동맹관계로 지속 심화 · 발전

• 미 조야를 대상으로 한 활발한 대미외교 전개로 한미동맹 저변 공고화, 연합방위태세 강화 및 한미간 현안 합리적 해결

[한중관계]

• 양국 정상 및 고위급간 활발한 교류 · 대화, 사드문제 관련 소통 강화로 신뢰 회복을 통한 실질적 한중 전략적 협력 동반자관계 내실화
• 북핵문제 해결을 위한 한중 협력 강화, 한중 FTA 강화 등을 통한 경제협력 확대, 미세먼지 대응 등 국민체감형 사안 관련 협력 강화

[한일관계]
• 독도 및 역사왜곡에는 단호히 대응하는 등 역사를 직시하면서 한일간 미래지향적 성숙한 협력동반자 관계 발전
• 과거사와 북한 핵 · 미사일 대응, 양국간 실질협력과는 분리 대응
• 위안부 문제는 피해자와 국민들이 동의할 수 있는 해결방안 도출

[한러관계]
• 북핵문제 해결을 위한 전략적 소통 및 한러 경제협력 강화를 통해 한러 전략적 협력동반자 관계의 실질적 발전 추진
• 정상교류를 포함 고위급 교류 활성화, 극동지역 개발 협력 확대, 북극 · 에너지 · FTA 등 미래성장 동력 확충 등

넷째, 동북아플러스 책임공동체 형성 전략에서는 동북아 평화협력, 신남방정책 추진, 신북방정책 구현의 중점과제를 설정하였는데, 지역내 국가들과의 협력 확대 및 한반도 · 유라시아 지역의 연계를 위하여 다음과 같은 세부 실천계획을 제시하고 있다.

[동북아 평화협력]
• 역내 대화 · 협력의 관행 축적 및 동북아 주요 국가간 다자 협력 제도화
• 동북아 다자 안보협력 진전을 위해 정부간 협의회 정례화 · 제도화 모색
• 한중일 3국 협력 강화를 비롯한 다자 협력 추진

• MIKTA 지속 추진 · 강화 및 동아시아내 다양한 형태의 중견국 협력 시도

[신남방정책 추진]

• 아세안, 인도와의 관계 강화 등 해상전략으로서의 신남방정책 추진
• 아세안의 수요에 기반한 실질 협력 강화(주변 4국 유사 수준)
• 인도와의 전략적 공조 강화 및 실질 경제 협력 확대(특별 전략적 동반자관계)

[신북방정책 구현]

• 유라시아 협력 강화 등 대륙전략으로서의 신북방정책 추진
• 남북러 3각 협력(나진–하산 물류사업, 철도, 전력망 등) 추진기반 마련
• 한-EAEU FTA 추진 및 중국 일대일로 구상 참여

우리 정부는 한반도 차원에서의 안보전략도 제시하고 있는데, 첫째, 북핵 등 비대칭 위협 대응능력 강화 전략에서는 국방예산 증액 및 효율화, 북핵 대응 핵심전력 조기 전력화, 전략사령부 설치 검토, 사이버안보 대응역량 강화 등의 과제를 설정하고 체계적인 대응능력 구축과 선진국 수준의 사이버안보 대응 역량을 확보하기 위하여 다음과 같은 세부 추진계획을 제시하고 있다.

[국방예산 증액 · 효율화]

• 적정 소요를 반영한 수준으로 예산증가율 책정, 예산 · 조직 · 인력 분야 전반의 구조조정 · 절감을 통해 지출 성과 극대화

[북핵 대응 핵심전력 조기 전력화]

• 북핵 · 미사일 위협 대비 독자적 한국형 3축체계는 핵심전력소요에

대한 우선순위를 판단, 조기구축 추진

• 북한 전역에 대한 감시 · 타격능력(Kill Chain), 핵심시설 방어능력(KAMD), 대량응징보복 수행능력(KMPR) 구축

[전략사령부 설치 검토]

• 합참의 '핵 · WMD 대응센터'를 '핵 · WMD 대응 작전본부'로 확대 개편하고 임기 내 '전략사령부' 창설 적극 검토

• 북핵 · 미사일 위협에 대한 독자적 대응능력을 구비한 조직 구축

[사이버안보 대응역량 강화]

• 국가안보실 중심의 사이버안보 컨트롤타워 강화 및 체계적인 사이버안보 수행체계 정립 · 발전

• 사이버 공간의 안전한 보호 및 사이버전 수행 능력 확보

둘째, 굳건한 한미동맹 기반을 통한 전작권 조기전환 전략에서는 전작권 전환조건 재검토 및 준비, 군 능력 확보라는 핵심과제를 설정하고 우리 군의 독자적 대응능력 구축과 한미연합방위체제 확립을 위하여 다음과 같은 세부 추진사항을 제시하였다.

[전작권 전환 조건 재검토 및 준비]

• 전작권 전환 준비를 가속화, 조기 전작권 전환

• 한미 연합방위 주도 및 북핵 · 미사일 위협에 대비하기 위한 한국군 핵심능력 재설정 및 추진계획 보완 · 발전

• 한미 정부차원에서 조기 전작권 전환(전환 시기 확정)에 합의, 이후 양국 정부 지침에 따라 한미 국방 당국간 추진 방향 합의

• 한미 군사당국간(합참—주한미군사) 전환계획 발전 및 국민적 공감대 형성

[군 능력 확보]
• 전작권 전환을 위해 한국군의 연합방위 주도 능력 조기 확보
• 한미간 전시 연합작전 지휘를 위한 미래지휘구조 발전 및 굳건한 한미연합방위태세 지속 유지
• 한국군 핵심군사능력 및 북핵 · 미사일 위협 대비 초기 필수 대응능력 확보
• 한미간 전략문서 발전, 연합연습 및 검증 시행

셋째, 국방개혁 및 국방 문민화의 강력한 추진 전략에서는 국방개혁특별위원회 설치, 병 복무기간 단축, 국방문민화, 군사법 개혁, 예비전력 정예화, 군공항 및 군사시설 이전 사업 지원의 핵심과제를 설정하고 미래지향적 국방개혁과 문민통제 강화를 위하여 다음과 같은 실천과제를 제시하였다.

[국방개혁특별위원회 설치]
• 개혁 추동력 확보를 위해 대통령 직속 '국방개혁특별위원회' 설치 추진, 핵심과제를 재선정하여 '국방개혁 2.0' 수립
• 상부지휘구조 개편 및 50만 명으로의 병력 감축 등 인력구조 개편
[병 복무기간 단축]
• 병역자원 부족과 전투력 손실 방지 등에 대한 대책을 강구하여 병 복무기간을 18개월로 단축 추진
• 부족 병역자원 확보를 위해 전환 · 대체복무 지원인력 조정 및 장교 · 부사관 인력 확보 체계 개선
[국방문민화]
• 문민통제 원칙 구현을 위해 국방부 · 방사청에 대한 실질적 문민화

방안 마련 추진

[군사법 개혁]

• 심판관제도 폐지, 군판사 인사위원회 설치 등을 통해 장병의 공정한 재판 및 인권 보장

[예비전력 정예화]

• 현역 감축 및 복무기간 단축을 보완하기 위해 육군 동원전력사령부 창설 검토, 예비군훈련장 과학화 등 예비전력 강화도 추진

[군공항 및 군사시설 이전 사업 지원]

• 군공항 및 군사시설 이전을 통해 국방력 강화 및 주민 불편 해소

넷째, 방산비리 척결과 4차산업혁명 시대의 방위산업 육성 전략에서는 처벌 및 예방강화, 국방획득 체계 개선, 첨단무기 국내 개발, 국방 R&D 제도 개선, 수출형 산업구조 전환, 성과 기반 군수 확대 등의 핵심과제를 설정하고 방위산업의 체제 강화 및 미래 방위 산업 육성을 위하여 다음과 같은 세부 실천과제를 설정하였다.

[처벌 및 예방 강화]

• 방위사업 비리에 대한 처벌 및 예방시스템 강화

• 처벌 관련 법령 보완 및 비리 발생 사전차단을 위한 평가 · 교육시스템 강화

[국방획득체계 개선]

• 국방획득체계 전반의 업무수행에 대한 투명성 · 전문성 · 효율성 · 경쟁력 향상 방안 모색

[첨단무기 국내 개발]

• 국방 R&D 기획체계 개선, 국가R&D 역량 국방 분야 활용 증진 등을

통해 방산 경쟁력 강화 및 첨단무기 국내 개발 기반 구축

- 국방 R&D 지식재산권의 과감한 민간 이양으로 민 · 군융합 촉진 및 방위산업 육성

[국방 R&D 제도 개선]

- 인센티브 중심으로 방산 생태계를 조성하고, 4차산업혁명 등 기술변화에 대응하는 국방 R&D 수행체계 개편

[수출형 산업구조 전환]

- 방산 중소 · 벤처기업 육성으로 안정적 수출기반 마련 및 방산 인프라 강화를 통한 양질의 일자리 창출

[성과기반 군수 확대]

- 국방항공 유지보수 운영(MRO) 분야와 성과기반 군수(PBS) 확대로 민간산업 활성화 지원[75)]

75) 청와대 국정과제 자료 참조, http://www1.president.go.kr/government-projects#page5(검색일: 2018년 8월 20일)

제4장

북방삼각체 국가의 대외관계 및 안보 전략

제4장

북방삼각체 국가의 대외관계 및 안보 전략

1. 중국

가. 동북아 국가와의 관계 개관

1) 對미국관계

중국의 대미관계는 3장에서 언급한 바와 같이 양국의 전략적 목적에 따라 갈등과 대립 및 정상화과정을 반복하였다. 양국은 '〈표 IV-1〉 중국의 주요 대외 안보관계 현황' 에서 보는 것처럼 냉전기에는 상호 적대국의 관계를 유지하였으며, 6.25전쟁 시기 북중동맹과 한미동맹의 틀 속에서 관계가 개선되지 않았다. 1972년 핑퐁외교를 계기로 정상화되었는데, 이는 중국이 소련에 대처하려는 의도에서 비롯되었으며, 미국도 베트남전에서 발을 빼려는 미국의 이해와 맞아 떨어져 상호접촉이 시작되었다.

1972년 2월 28일 닉슨 대통령이 중국을 방문한 이후 1978년 5월의 양국간 연락사무소 개설, 12월의 수교 공동성명, 1979년 1월에는 정식 수교를 하기까지 무려 7년의 세월이 소요되었다. 중국은 미국과의 관계 개선을 계기로 UN에 정식 가입하였지만 이후 양국 관계는 양안 관계가 늘 쟁점이 되어 수시로 갈등 국면을 맞이하고 있다. 그러나 이러한 양국의 관계는 자주 위기를 맞이하여 왔다.

1979년에 채택된 '타이완 관계법' 을 활용하여 중국을 자극하고 있으며, 천안문 사태 등에서도 중국의 내부문제를 지적하며 개입을 시도한 바 있다. 1990년대의 개혁개방 성공으로 중국은 대외관계에서도 탄력을 갖추게 되었으며, 2000년대에는 지역은 물론 체제내에서 국제적 위상을 높이기 위한 노력을 계속하고 있다. 2010년대에 들어와 시진핑 시대의 중국은 중국몽을 내세우며, 신형대국관계론 및 일대일로 정책을 추진하면서 강대국의 면모를 갖추려고 하고 있는데 이에 대하여 미국은 중국위협론 등을 거론하며 중국을 견제하는 등 양국관계가 긴장관계에 놓여 있다.

2012년 시진핑은 방미과정에서 '신형대국관계론' 과 관련하여 양국이 대결적 관계를 지양하고 미국과 중국이 대등한 입장에서 신뢰를 바탕으로 각국의 '핵심이익' 을 보장하며 국제적 역할의 공조를 다해야 한다고 강조함으로써 신형대국관계론을 대등과 균형이라는 관점에서 평가하였다. 이러한 균형외교 주장은 등소평 정부 시기부터 유지되었던 '도광양회' (스스로를 낮추어 상대방의 경계심을 약화시키면서 때를 기다리는 자세, 평화를 유지하며 우뚝 선다는 화평굴기와 함께 중국이 경제개발에 힘쓰며 국력을 키우는 과정의 대외정책을 의미) 정책기조와 다른 관점으로서 중국의 핵심이익을 확대하는 정책이다.

중국의 균형외교는 미중 양국간의 충돌을 야기하였는데, 2009년 코펜하겐 기후협약 당사국 총회에서 중국과 미국의 협정체결 거부 충돌, 유엔안보리의 이란제재 강화에 대한 미국의 요구 묵살, 2010년 조어도 분쟁, 2012년에 남중국해 영유권분쟁에서의 미국의 지원을 받는 필리핀과의 대치 사건 등이 그것이다.

시진핑은 집권과 동시에 신형대국관계론에 근거한 균형외교를 강력하게 추진하고 있는데 지역내에서 미국의 영향력을 견제하기 위하여 러시아와 군사협력을 강화하고 있으며, 경제적 균형 차원에서는 미국과 일본 중심의 아시아개발은행(ADB)에 대항한 아시아인프라투자은행(AIIB), 미국 중심의 세계은행에 맞서는 신개발은행(NDB: new Development Bank, 미니 IMF라고도 함), 그리고 미국이 주도하는 환태평양동반자협정(Trans Pacific Partnership: TPP)에 맞서 역내포괄적경제동반자협정(Regional Comprehensive Economic Partnership: RCEP) 등을 창설한 바 있다.

또한 육로와 해로를 이용하여 중국의 국력을 투사하는 일대일로 정책을 강력하게 추진함으로써 미국의 아시아 정책에 맞서고 있다. 그동안 중국은 강대국의 정체성을 확보하기 위한 행동을 여러 측면에서 시현하고 있다. 2009년 11월의 미중정상회담에서 후진타오 주석이 '핵심이익' 존중 요구가 중국으로서 당연한 정체성을 표현한 것임을 강조하였다. 2011년에 발간된 『평화발전 백서』에서도 '핵심이익'을 '국가주권, 국가안보, 영토통합과 통일, 정치체제와 사회 안정, 그리고 지속가능한 경제 및 사회 발전'이라고 명시하였고, 2012년 중국공산당 제 18차 전당대회에서 채택한 정치보고서에서도 '책임대국'으로 명시하여 중국이 강대국임을 공식화하였다.

2013년 6월 오바마–시진핑 미중정상회담에서 시진핑 주석은 신형대국관계의 핵심을 첫째, 불충돌과 비분쟁, 둘째 상호존중, 셋째, 윈-윈(win-win)을 위한 협력으로 규정했다.

또한 시진핑 주석은 2013년 '일대일로' 전략을 통해 스리랑카, 미얀마,

〈표 IV-1〉 중국의 주요 대외 안보관계 현황

구분	주요 내용
對미국	- 1972년 미중 관계 정상화, 1979년 미중 수교
	- 1993년 중국 위협론 대두
	- 1995.6-1996.3 대만해협 위기 발생, 미중 대립 심화
	- 1996.3-1998 장쩌민－클린턴 간 전략적 동반자 관계 모색
	- 2001.9.11 테러사건 이후 반테러 · 비확산 협력기
	- 2005년 부시 2기 정부 중국위협론 제기
	- 2008, 오바마 대통령, 아시아 중시/재균형 외교 추진
	- 2009년 금융위기 계기 미중 협력 모색
	- 2013년, 시진핑 주석 신형대국관계 제기
	- 2015. 6 미중전략경제대화, 9월 군간 소통채널 합의
	- 2015. 6 트럼프, 중국의 환율조작, 스파이 행위 등 비난
	- 2016-2017년 남중국해 관련 미중 갈등 국면
	- 2017년 미국우선주의(미)－사회주의적 중화사상(중) 충돌 조짐
	- 2018. 3 미중 무역전쟁 시작
對일본	- 1971년 중국의 UN가입 반대, 1972년 입장 변화 국교 정상화
	- 1978년 중일평화우호조약 체결
	- 1998년 중일공동선언
	- 2008년 중일 전략적 호혜관계 구축
	- 2010년, 중국과 GDP 2, 3위 역전
	- 2010년 9월 이후, 중국과 동중국해 센카쿠 열도 관련 갈등 심화
	- 2014-15년, 시진핑 주석, 아베총리와 2차례 정상회담
	- 2015년 중국 군사전략에서 미국의 지역 개입 비난
對러시아	- 50-60년대 중소 이념 논쟁
	- 1969년 이후 중소 국경 분쟁, 1982년/1987년 국경 협상 시도
	- 1988. 9, 크라스노야르스크 선언, 중러 관계 개선 의사 제기
	- 1995년 중러 국경문제 타결
	- 1996년 중러 전략적 협력 관계 형성
	- 2001년 상하이 협력기구/중러 우호 협력 조약 조인
	- 2005년 중러 국경문제타결/신세계질서 구상
	- 2000년대 중국의 대러 무기수입 급증
對한반도	- 1992년, 한중수교
	- 1998년, 2008년 두 차례 금융위기 시 한중간 경제협력 구조 정착
	- 2013년, 북핵 3차 실험 후 대북 금융제재 착수
	- 2015년 한국의 AIIB 가입, 박근혜 대통령의 전승절 참석, 한중 FTA 비준 등 적극적 외교관계 추진
	- 2015. 9 시진핑－오바마와 정상회담 시 북한 비핵화 의지 확인
	- 2015-16 대북 관계 복원, 대북관계 일정수준 관리
	- 2017년 상반기 사드문제로 한중관계 악화
	- 2017. 10. 31, 한중 양국, 한중관계 개선 협의
	- 2017. 10 한중간 통화스와프 연장 합의 및 국방회담 개최

파키스탄 등과의 협력을 강화하고, 유럽과의 교류 및 협력을 강화함으로써 미국의 일방주의를 견제하려고 하고 있다. 이는 미국의 '재균형정책'이 중국을 견제하는 것이므로 '일대일로' 전략을 활용하여 미국의 견제에 대비한다는 관점이다.[76] 시진핑 주석은 그동안 동남아 국가를 비롯한 주변국 방문을 강화하고 있는데, 빈번하게 그가 강조하는 내용은 국가간 상호존중 및 내정불간섭 원칙, 경제적 성장을 통한 안보 공동체 구축, 국가간 대화채널의 다변화 및 확대, 하나의 중국 원칙이다. 앞으로도 중국은 미국의 견제에 맞서서 이와 같은 정책을 지속할 것으로 판단된다.[77]

2) 對일본관계

중국의 일본에 대한 입장은 앞서 언급한 바와 같이 만주사변, 중일전쟁, 태평양전쟁에 이르기까지 전쟁과 갈등을 겪으면서 형성된 불신감이 바탕에 깔려 있으며, 지역내에서의 군사적 경쟁관계를 형성하고 있는데 경제적으로는 상호 필요성이 작용하여 그 관계를 유지하고 있는 상태다. 6.25 직후 중국은 미국을 가장 큰 위협으로 간주하였으며, 미국의 동맹인 일본도 적국으로 간주하였다. 그러나 양국은 정경분리에 원칙을 세웠고, 경제적 이해관계, 즉, 일본의 자원부족과 경제발전에 필요한 자원과 시장을 확보, 중국의 경제 활성화 계기 및 투자유치 등의 요구가 맞아 떨어져 경제적 측면에서의 관계 개선이 이루어졌다. 이러한 노력은 1950년 중일 우호협회 설립, 1952년 중일 우호협정 체결, 1952년 26,000명의 잔류 일본인 송환, 일본인 전범 석방, 1955년 중국 문화・예술관계자 일본

76) 김관옥, "미국과 중국의 외교패권 경쟁: 재균형외교 대 균형외교," 『국제정치연구』 제19집 1호, pp. 13-18.

77) 서정경, 원동욱, "시진핑 시기 중국의 주변외교 분석," 『국제정치연구』 제17집 2호, 2014. 12, p. 122.

방문, 1956년 중일 문화 교류협회 설립 등으로 이어졌다. 이러한 관계는 일본의 친대만정책으로 갈등이 발생하였으나, 1960년대에는 경제교류가 지속되었는 바, 1963년 중일 어업협정 등이 체결되었다.

중일관계는 미일간의 밀착으로 위기를 맞았는데, 1969년 미일공동성명 이후 주은래 총리는 대일무역 조건으로 친미·친한 및 친대만·친일 기업과의 무역교류 중단 등의 조건을 내걸어 진영간 극도의 견제를 하였다. 이러한 배경 때문에 양국간 수교에도 장애가 있었으나, 미중간의 수교에 탄력을 받아 1972년 9월 다나카 총리의 중국을 방문으로 양국간 관계가 정상화되었다. 중일 국교정상화 조건은 일본도 미국과 마찬가지로 수교와 동시에 대만과 단교하였는데 일본의 중국침략전쟁에 대한 사과와 중국의 전쟁 배상권 포기가 핵심이다. 중일간의 외교정상화는 일본의 소련과 중국에 대한 등거리 정책 시행, 중국 지도부의 소련 견제 심리 등이 작용한 결과였다.

중일간의 관계는 이러한 전략적 계산에 따라 지속되고 있는데, 중국은 1970년대 이후 미일안보협력에 대비하여 핵무기 개발 및 군비확충에 주력하고 있다. 일본도 군사력 재건에 주력하고 있는데 양국의 전략적 야욕이 충돌한 것이 조어도 문제다. 중국은 이 지역이 명나라 때부터 중국의 부속도서라는 입장으로서 일본이 강탈해 간 도서를 중국에 돌려줘야 한다는 입장이며, 일본은 조어도가 1895년 이전까지 무인도로서 국제법적으로 일본이 선점했다는 입장인데, 이곳에는 방대한 석유와 천연가스가 매장되어 있다.

3장에서 분석한 바와 같이 중일관계는 영토와 역사문제, 패권 경쟁의 대상, 북방삼각체와 남방삼각체의 핵심세력, 북핵무장에 대한 엇갈린 입장, 경제적 경쟁관계 등 다양한 측면에서 대립관계에 있어서 향후 순탄하지 않은 관계가 예상된다.

3) 對러시아관계

중국과 러시아의 관계는 소련과의 관계를 거슬러 올라가 시작되었다. 중국은 소련의 공산혁명의 성공 이후 이념적 동반자로서 출발하였지만 상호 굴곡의 역사를 만들어왔다. 양국관계를 개관해 보면 이데올로기의 동질성을 바탕으로 한 동조와 지지의 시대, 이념논쟁과 국경분쟁이 점증하는 갈등과 대립시대, 소련 붕괴 이후 위기의식을 공유하며 다시 정상적인 관계를 회복한 재협력의 시대를 거쳐 왔다. 소련은 중국의 공산화에 지지와 지원을 하였으며, 반제국주의 진영을 형성하였다. 소련은 국민당을 설득하여 제1차 국공합작을 성사시키고 중국내 공산당의 세력 확장을 지원하였으며, 중국은 건국 이후 소련과 우호 관계를 유지하였다.

이러한 양국의 관계는 대만문제와 원자폭탄 기술제공 문제를 두고 갈등관계로 변하였다. 1958년 미중간 대만해협에서 충돌이 우려되었을 때, 소련은 중국의 편에 서지 않았고, 중국에 약속한 핵무기 제조 기술을 제공하지 않았으며, 중국과 인도의 영토분쟁에서도 인도에 우호적인 태도를 보여 갈등이 고조되었다. 이러한 상황은 상호 비방으로 더욱 악화되었다. 1959년 소련은 중국과의 '국방 신기술에 관한 협정'을 폐기하였고, 중국에 파견한 전문가들을 귀환시켰다. 1964년 소련이 중소 국경지역에 대규모의 병력을 배치하면서 베트남과 무력충돌 가능성이 있는 중국을 압박하였다. 마침내 1969년 3월 우수리강 진보도에서 양국 국경경비대간 충돌이 발생하였는데, 이를 계기로 중국은 소련을 최대의 위협으로 간주하였다. 이러한 인식이 전술한 바와 같이 미중간 전략적 접근의 배경이 되었다.

1980년대에 중소 양국은 상호간의 관계개선을 위해 노력했으나 이념논쟁의 후유증으로 실질적인 진전이 없었으나 소련의 해체를 계기로 관계개선의 기회가 만들어졌다. 소련의 해체는 중국에게도 상당한 충격이었다. 탈냉전 이후 전개된 미국 주도의 체제질서는 중러간의 접근을 만든 계기가 되었는데 중국은 러시아와 함께 미국을 견제하는 전략적 관계를 형성하기 시작했다.

양국은 정산을 비롯하여 실무급 접촉을 증대시키며 관계를 정상화하였는데 1992년 옐친의 중국 방문 이후 우호관계를 수립하였으며, 1994년 장쩌민(江澤民) 중국 주석이 러시아를 방문하여 건설적 동반자 관계 수립, 1995년의 중러 국경선 문제 타결, 1996년의 중러 전략적 동반자관계 선언, 2001년 중러 우호협력조약 조인과 상하이 협력기구 발족(SCO), 2001년 중러선린우호협력조약 체결, 2005년 양국간 신세계질서구상 공표, 그리고 2013년에 전면적 전략협력 동반자관계에 기초한 신형 대국관계 구축 등을 이루며 국익을 중시하는 관계를 증진해 왔다.[78]

한편, 상하이협력기구는 중러간의 관계를 대표하는 기구로서 양국간의 발전을 촉진시키는 기능을 할 것으로 예상된다. 이 기구는 1996년의 5국체제에 바탕을 두고 있는데, 중러 정상의 회동 이후 상하이에서 카자흐스탄, 키르기스스탄, 타지키스탄 등이 군사적 신뢰강화 협정을 체결했다. 이후 5개국은 7회의 정상회담을 통해 2000년 7월 상하이 5국(Shanghai Five) 체제를 공식 선언하고, 우즈베키스탄을 옵서버 국가로 인정함을 발표하였다. 현재의 체제는 2001년 6월 15일에 발족되었고, 2002년에 기구의 헌장을 발표했다.

상하이협력기구는 안보와 경제 영역을 포괄하고 있는데, 경제 협력은 중국이 주도하고 있다. 중국은 기구내의 자유무역지대의 설립, 전자 상거래, 관세, 표준 통일, 투자 협력 등을 논의하고 있는데, 대외적으로 미국을 견제하는 정치적 성향을 보이고 있다. 이 기구는 이란, 파키스탄, 인

78) 곽덕환, "중국의 대러시아 외교관계 변화 연구," 『사회과학연구』, 제26집 4호, 2015. 10, pp. 307-320.

도에 옵서버 자격을 부여하여 세력 확장을 도모하고 있는 반면 미국에는 회원가입을 허용하지 않고 있다. 오히려 2005년 11월 우즈베키스탄이 하나바트 미공군 기지를 폐쇄하고, 키르기스스탄은 미군에게 100배나 인상된 마나스 공군기지 사용료를 요구한 바 있다.

중국과 러시아는 군사적 접근도 강화하고 있는데 2005년 8월 양국간 러시아의 블라디보스토크와 중국의 황해 및 산동성 일대에서 합동 군사훈련인 평화사명 2005를 실시하였는데, Tu-22M 전폭기, 잠수함, 구축함 등의 러시아의 첨단 전력과 중러 양국군 8,800여 명이 참여하였다. 2007년 8월에도 상하이협력기구 회원국이 참여한 평화사명 2007(PM-2007) 훈련이 처음으로 실시되었다.

4) 對한반도관계

3장에서 살펴본 바와 같이 최근의 한중관계는 1992년 수교 이후 안보측면에서는 북중동맹이라는 틀 속에서 중국의 전략적 위상이 작용하고 있다. 2013년과 2014년 채택된 '한중 미래비전 공동성명' 과 '한중 공동성명' 은 한중간 안보협력의 확대를 의미하는 것으로서 중국의 안보적 역할이 한반도 전체에 어떠한 영향을 미칠지를 살펴보아야 할 것이다.

북한과는 경제적으로 북한이 중국에 거의 종속된 수준으로서 중국이 갖는 영향력이 절대적이라고 할 수 있다. 작금의 상황은 북한의 비핵화를 위한 미국의 압박이 최고조에 이르렀고, 북한도 북미협상의 진전 여하에 따라서 미래가 결정되는 중대한 시기를 맞이하고 있다. 이러한 시점에서 중국은 조율자로서 역할을 해야 하나 미중관계라는 복잡한 구조도 영향을 미치고 있어서 그 진로를 예측하기가 쉽지 않다.

한편, 중국과 한반도 관계에서 가장 중요한 사건은 6.25 전쟁이다. 중국은 한반도 분단과정에도 개입하였는데, 1945년의 모스크바 3상회의에서 미국, 영국, 소련, 중국에 의한 5년간의 한반도 신탁통치가 결정되었으며, 소련이 북한으로 진주함으로써 분단이 이루어졌다. 당시에 소련은 중국에 군사원조를 제공하여 중국을 영향권하에 두는 한편 중국을 견제하려고 했고, 중국은 소련의 한반도 적화야욕에 동조하는 입장이어서 북중러삼각체의 형성이 자유롭게 이루어졌다.

6.25전쟁 시기 중국군의 개입은 유엔군이 38도선을 돌파하여 북진하자 시작되었는데, 1950년 10월 25일부터 휴전시까지 이어졌다. 6.25 당시 중공군 지상군은 그 규모가 5개 야전군 예하에 병단, 군, 사단을 통틀어 244만여 명이었으며, 이 중에 25-27개 군, 75-81개 사단 병력 100만여 명이 항미원조지원군이라는 이름으로 참전하였다. 중공군은 전쟁에서 148,000명 사망, 34만여 명 부상, 7,600명 실종, 그리고 7,110명의 포로를 남겼다.[79] 6.25전쟁으로 중국과 한국은 적으로, 북한과는 혈맹으로 남았다.

중국은 이후에도 1958년까지 북한 전후 복구를 지원하였다. 중국에게 있어서 북한은 군사적 완충지대이자 전략적 방어지역이다. 또한 북한은 중국과 같은 사회주의체제 국가로서 이념적 동지로서 인식하고 있다. 1961년의 '북한 · 중국우호협조 및 상호원조에 관한 조약'은 1953년의 '한 · 미 상호방위조약'과 대칭적 개념으로서 북한의 안전보장을 절대적으로 지원하고 있다. 그러나 1970년대 등소평의 개혁개방 정책은 중국과 북한의 관계를 악화시켰으며, 1992년의 한중수교로 위기감이 고조되었다. 이러한 위기도 체제 및 지역적 안보상황 변화에 따라 해결되었는데, 중국은 탈냉전기 공산권의 몰락과 함께 미일간의 가이드라인과 미국의 전역 미사일 방위구상(TMD: Theater Missile Defense) 등에 대한 위기의식을 갖게 되었고, 북한의 전략적 효용성이 증대되었다. 북한은 중국으

79) 야후 위키피디아 참조: https://en.wikipedia.org/wiki/Korean_War(검색일: 2018년 8월 20일).

로 하여금 전략적 안보도전을 준비해야 하는 부담감을 갖게 하였다. 북한의 핵무장과 군사적 긴장이 여전히 한반도의 긴장은 물론 동북아의 평화와 경제협력의 장애가 되고는 있지만 중국의 입장에서는 북한의 체제 유지가 우선적이어서 중국의 애매한 태도가 지속되는 상황이다.

이밖에도 중국은 북한의 연방제 통일을 지지하고 북한 정권의 몰락이나 체제전복을 막겠다는 입장이다. 북한의 고난의 행군시기인 1998년에는 원유 80,000톤을 무상으로 지원하기도 하였다. 2001년 8월에 장택민의 방북시에 인도적 차원의 지원과 경제협력을 약속한 바 있으며, 2003년 집권한 후진타오는 전통계승, 미래지향, 선린우호, 협력강화의 대북방침을 천명하였다.

김정일 사망 이후에도 중국은 북한의 김정은 지도체제를 공식 인정하면서 북한의 체제 안정을 우선시하는 정책을 보여 왔다. 경제적으로도 북한과 중국은 매우 밀접한 관계인 바, 중국은 1990년대 북한의 식량난을 완화하기 위한 노력을 기울였으며, 인도적 차원의 식량지원과 경제원조, '황금평경제지대 공동개발'과 '나선경제무역특구' 협력 등을 시행하고 있다. 한중 양국은 냉전시기를 보냈으나 1970년도 미중데탕트 시기부터 조금씩 관계 개선의 가능성을 만들었다. 미중데탕트는 북중러 북방진영과 한미일 남방진영이 대립하는 동북아지역에 화해의 분위기를 가져왔다. 앞에서 언급한 바와 같이 중일 관계가 정상화되었고, 남북한도 남북대화를 진행하여 7.4 공동성명을 발표하였다.

1979년 소련의 아프가니스탄 침공으로 국제적 긴장이 고조되었으나, 한중관계는 지속되었고, 1992년의 수교로 이어졌다. 이 시기 한국은 공산권 국가와의 관계 개선을 위해서 일련의 조치를 시행하였는데 1971년의 일반관세무역협정, 1972년의 공산권과의 교역을 허용하는 무역거래법 제정, 1973년 공산권 선박의 기항 허용, 1974년 공산권 회사의 입찰 허용 및 북한과 베트남을 제외한 공산국가와의 국제우편 교환 허용 등이 그 것이다.

나. 위협 인식과 안보전략

중국의 위협인식은 '〈표 IV-2〉 중국의 위협인식 및 안보전략'에서 보는 바와 같이 체제 측면에서는 미국 등 서방의 중국 이익 견제, 미국의 대중 무역 견제, 대미 군사력 열세로 체제내 영향력 제한으로 정리할 수 있으며, 동북아 차원에서는 위의 위협에 부가하여 북핵 문제 해결 주도권 상실 가능성과 역내 영향력 유지의 어려움을 둘 수 있다.

중국은 탈냉전 이후 최대 위협으로 간주했던 소련이 해체되고 미중 수교로 경제발전과 ASEAN과의 관계 강화 등 주변국을 중심으로 한 대외관계에 집중할 수 있었다. 이러한 대외정책은 1989년 천안문 사건 이후 미국의 압력에 대응하는 차원이었으며, 현재 추진하는 일대일로 정책의 환

〈표 IV-2〉 중국의 위협인식 및 안보전략

구분	영역	내용
위협인식	체제	- 미국 등 서방의 중국 이익 견제 - 미국의 대중 무역 견제 - 대미 군사력 열세로 체제 내 영향력 제한
	동북아	- 북핵 문제 해결 주도권 상실 가능성 - 역내 영향력 유지 어려움
안보전략	체제	- 일대일로 전략을 통한 소강사회 달성 - 대러 동맹 강화로 한미일 동맹 견제 - 북핵문제 등 체제 및 지역문제 영향력 강화
	동북아	- 중국주도로 동아시아 재편 - 중국군 현대화 및 전력 강화 목적 개편

경을 만드는데도 효과적이라고 할 수 있다.[80] 중국은 이 시기에 경제적 측면에서도 국제적 위상을 제고하기 위해 노력했는데, 2001년 말 WTO에 가입하면서 자본주의 질서의 규범체계 속에 편입되기 시작하였다.[81]

이러한 과정에서 중국의 위협도 증가하는 상황을 맞이했는데 영향력의 증대로 인한 필연적인 과정이라고 할 수 있다. 중국은 2015년 1월 23일 공산당 정치국 회의에서 중국이 예측불가의 위협에 직면해 있다는 점을 언급했으며, 공산당 체제하에서 효율적이고 통합적인 안보체제를 주문하였다.[82] 2017년 아태안보백서에서는 아태지역의 중요성 인식 및 한반도의 핵문제를 불안정 요소로 적시하면서 중국의 평화적 발전이 아태지역 미래와 직접적으로 관련되어 있으므로 중국의 책임 있는 역할을 위해 공동·종합·협력·지속가능한 안보 추구를 강조하였는데, 한반도 핵문제와 사드배치문제를 최고의 주요 현안으로 규정함으로써 미국의 견제에 대한 대응의지를 표출하고 있다.[83]

한편, 중국의 G2부상은 미국의 견제를 유발한 동기로 인식되는데 중국은 경제적 부상에 따른 외부의 접근방법에 대해 불편한 심기를 표출하고 있다. 중국의 경제적 위상은 국제사회에서의 역할 증대를 요구하고 보다 투명한 대내외 정책을 요구하는 책임론으로도 작용하고 있다. 미국내에서는 중국과의 협력, 충돌 불가피, 협력과 압박 등의 다양한 접근법이 존재하는데 트럼프 정부는 중국을 압박하는 형태를 취하며 중국과의 갈등을 증폭시키고 있다.

이와 같은 다양한 접근 방법을 G2구상이라고도 하는데 중국은 미국이

80)이문기, "G2 시대 중국의 국제정세 인식과 외교안보 전략," 『아시아연구』, 제15집 2호, 2012. 6, pp. 63-64.

81) 이문기, 앞의 글, p. 68.

82) The Diplomat, "China' s National Security Strategy," January 24, 2015.

83) 신성호, 위의 글, pp. 116-117.

중국에 개입하려는 정책에 대해 강하게 반발하고 있다. 2009년 5월 원자바오 총리는 중-EU 정상회담과 오바마 대통령과의 회담에서도 중국이 미국과 함께 국제적 문제에서의 역할을 증대하는 것에 반대한 바 있다. 중국은 G2 개념이 서방의 경제위기를 중국에게 부담시키는 책략으로서 미국의 패권연장의 수단으로 해석하고 있다. 중국은 이와 반대로 신형 대국관계를 내세워 강대국과의 충돌을 피하고, 상호 핵심이익과 주요 관심사를 존중하고, 제로섬 사고를 지양한 윈윈 협력을 주장하고 있다.[84)]

중국은 미국의 대북 압박 동참에 대해서도 직접적이지는 않지만 적극적인 동참을 회피하고 있다. 중국은 북핵문제가 북미관계의 모순에서 비롯되었는 바, 미국의 위협 때문에 북한의 핵무장이 진행된다는 입장이다. 따라서 미국의 안전보장이 선행되어야 한다는 입장이다. 또한 북한의 붕괴는 북중관계가 '순망치한(脣亡齒寒)' 의 상태로서 중국의 안보에 위협을 줄 수 있다는 입장으로서 한반도 문제의 해결을 위해 한 · 미군의 연합군사훈련과 북핵 개발을 동시에 중단하고, 한반도 비핵화 프로세스와 한반도 평화협정의 동시 협상을 의미하는 '쌍중단(双暂停)' 과 '쌍궤병행(双軌竝行)' 을 주장하고 있다.[85)]

현재 중국이 추구하는 신형대국관계와 일대일로 정책은 중국의 수동적인 대외전략이 점진적으로 진화한 결과로서 지역 및 체제 차원의 환경이 작용한 결과다. 1990년대 초 탈냉전기 직후에는 러시아 등 구소련 국가들과의 안정적 관계 유지, 북한에 대한 중국의 영향력 유지, ASEAN 국가들과의 관계증진, 그리고 경제 · 기술적 지역협력체(community-

84) "Toward a New Model of Major-Country Relations Between China and The United States," Speech by Foreign Minister Wang Yi at the Brookings Institution, 20 September 2013.; 신성호, "아시아 재균형에서 미국 우선주의로: 트럼프 행정부시대 미중경쟁과 한국의 외교안보 전략," 『KRIS 창립 기념 논문집』 2017. 10, p. 109에서 재인용.

85) 이재봉, 위의 글, pp. 13-14.

building) 구축 등의 외교 목표를 세우고 이를 실천하기 위해서 노력했다.

중국은 경제발전에 주력하면서 도광양회와 화평굴기를 중심에 둔 외교 전략을 구사했다. 2011년 9월 6일 대외전략인 평화발전백서에서도 '내적으로 발전과 화합을 추구하고, 외적으로 협력과 평화를 추구하는 평화발전이라는 총체적 목표' 를 실현하기 위해 경제발전 전환 가속화, 시장과 인적자원의 비교우위 활성화, 조화로운 사회 건설 가속화, 호혜공영의 개방전략 실시, 평화적인 국제환경과 유리한 외부조건 조성 등을 내세웠다. 특히 대외전략을 위한 정책방향으로 조화로운 세계 건설 추진, 자주독립의 평화외교 추진, 상호신뢰 · 호혜 · 평등 · 협력의 신안보관 선도, 적극적이고 진취적인 국제적 책임, 선린우호의 지역협력을 내세우고 있다.[86] 중국의 이러한 안보 및 외교 전략이 신형대국관계로 변화하고 보다 공세적으로 전환되어 미국의 힘과 충돌하고 있어 향후 그 귀추가 주목된다.

중국의 군사전략은 대외전략에서 완급과 힘을 조절하는 것과는 달리 군사대국화의 길을 걷고 있다. 중국의 군사전략은 미국과의 전략적 경쟁, 대만의 도립 움직임, 국경문제와 영토 분쟁 가능성, 해상 보급로에 대한 위협, 초국가적 안보위협, 주변지역의 불안정을 상정하여 수립되고 있다. 핵심 군사전략은 '전략적 전선의 확대와 국력에 기초한 적극적 방어' 라고 할 수 있는데, 1950-60년대의 소련을 가상한 적극 방어 전략, 1960대 중반부터 1970년대 초반의 유적심입(誘敵深入: 미국과 소련을 모두 적으로 상정) 지구작전, 1980년대 중반까지 연미반소를 내세운 적극방어 유적심입, 1980년대 중반부터 1990년대 초반까지 독립자주외교노선 하의 적극방어 전략을 구사하였고, 현재는 신시기 적극방어 전략과

86) 이문기, 위의 책, pp. 60-62.

〈표 IV-3〉 중국군의 주요 군사력 현황[87]

구분	세부 내용	현황(명/대)
병력	육군	1,600,000
	해군	235,000
	공군	398,000
	기타	100,000
	소계	2,333,000
육군	사단/여단	23/128
	전차	6,540
	장갑차	4,150
	견인/자주포	6,140/2,280
	다련장/박격포	1,872/2,586
	대전차유도무기	480
	지대공미사일	312
	헬기/항공기	760/8
해군	핵잠수함/잠수함	4/61
	항공모함	1
	전투함	272
	소해함/상륙함(정)	49/123
	지원함	171
	전투기/헬기	346/111
해병	여단	2
	전차/장갑차	73/152
	야포	40
	UAV	–
	항공기/헬기	–
공군	폭격기	120
	전투기	1,468
	지원기	1,416

87) 국방부, 위의 책, pp. 240-241.

병행하여 2004년 중국국방백서에서 제시한 정보화조건하 국부전쟁 개념을 병행하고 있다. 중국군은 이러한 적극방어 전략을 수행하기 위하여 육군에서는 적극방어 전략을, 해군은 적극적 근해방어를 공군은 공방겸비 포병은 핵 억제력 강화 등을 추진하고 있다.[88]

중국은 1990년대 이후 재래식 병력을 감축하고 군의 현대화 · 정예화를 추진하고 있지만, 군사기술의 낙후성, 병력규모의 비대, 장비의 노후화등과 같은 고질적인 문제로 실행이 지연되고 있으며, 경제력 건설에 치중하여 진척이 더뎠다. 중국군의 현대화와 본격적인 군사력 증강은 2000년대 이후에 시작되었는데, 2011년 67,000톤 급 항공모함 바라그호 진수 성공, SLBM 발사능력을 갖춘 핵잠수함 진수, 제4세대 스텔스기인 젠(殲)-20 개발, 대함 탄도미사일(ASBM)인 둥펑(東風) 21-D의 실천 배치 등의 성과를 이루었다. 중국의 군사력은 '〈표 IV-3〉 중국군의 주요 군사력 현황' 에서 보는 바와 같이 233만여 명의 병력, 육군의 23대 사단 및 128개 여단과 해병대 2개 여단, 핵잠수함 4척, 항공모함 1척, 전투함 272척, 공군 폭격기 120대와 전투기 1,468대를 보유하고 있다. 병력면에서는 세계 1위의 군사력이다.

2. 러시아

가. 동북아 국가와의 관계 개관

1) 對미국

미국과 소련은 2차 세계대전 이후 양극체제를 주도하던 국가들로서 초

88) 한용섭 외, 『미 · 일 · 중 · 러의 군사전략』(서울: 한울, 2008), pp. 213-228.

강대국의 대립관계를 유지하였다. 미국은 냉전 기간 내내 대소 봉쇄 전략을 구사하여 소련의 고립을 지속시켰다. 이러한 와중에도 양국의 관계는 상호간 극도의 무기경쟁과 감축협상을 통하여 변화되어 갔다. 전략무기감축 협상은 결실을 맺어 1972년의 제1차 전략핵무기제한조약(Strategic Armament Limitation Treaty: SALT-I), 1979년의 SALT-II, 1991년 6월의 제1차 전략핵무기감축조약(Strategic Armament Reduction Treaty: START-I), 그리고 1993년 1월의 START-II 등의 결과를 만들었다.

미소간의 핵무기 제한조약이 시작될 무렵 미국은 핵탄두와 SLBM 부분에서 우세하였고, 소련은 전체적인 미사일의 투하중량과 ICBM에서 절대적인 수적 우세를 점하고 있어서 상호간의 전략적 이해가 작용한 결과였으며, 이러한 양국간의 군비협상은 상호신뢰를 높이고, 협력을 증대시키는 결과를 만들 수 있었다.

그러나 탈냉전기 이후 미러관계는 3장에서 살펴본 바와 같이 양국관계는 미소냉전의 유산 작용, 미국의 중러 브로맨스 견제, 그리고 대러시아 경제제재라고 할 수 있는데, 러시아는 미국과 서방의 세력 확장에 대한 위협을 심각하게 받아들이고 있다. 미소냉전의 영향은 러시아가 아직 민주적 국가로 발돋움하지 못하며 중국과 북한, 그리고 친러 성향의 CIS국가들과 밀접한 관계를 유지하고 있으며, 군사력을 통한 문제해결을 선호하기 때문이다. 비록 냉전의 종식은 선언되었지만 동북아지역은 아직도 북중러와 한미일이 맞서는 신냉전 상태를 보이는 바 이는 과거의 진영대립의 이미지와 유사하고 핵전력과 재래식 군사력의 대립이 재현되고 있기 때문이다.

2001년의 9.11사태는 미러간 관계개선의 기회가 되었는데 러시아는 미국이 주도하는 반테러전쟁 및 노선에 협조하였고 이를 대외환경 개선의 발판으로 삼으려고 했지만 그 목적을 달성하지 못했다. 미국은 나토를 중심으로 세력을 확장하고 중앙아시아로 진출을 시도하는 반면 러시아는 세력권의 유지 및 미국 일방주의를 견제하기 위하여 중국과의 전략적 관계를 강화하고 있다. 이러한 움직임은 미국의 견제로 나타나는데, 대표적인 것이 미국의 대러 경제제재라고 할 수 있다. 2001년 부시대통령의 탄도미사일방어(ABM)조약이 폐기되면서 갈등 국면이 지속되었고, 러시아가 미국의 이라크 공격을 반대하는 와중에 2004년 이후 불가리아, 루마니아, 슬로바키아, 슬로베니아 등의 탈소비에트화가 진행되었으며, 조지아, 우크라이나 등에서 친서방 정부가 들어서고 나토가입을 추진하면서 양국의 갈등이 고조되었다. 지금도 러시아는 미국의 일방주의 정책과 러시아 및 CIS 내부정치 개입, 나토확대, MD정책을 비난하며 대응하고 있다.

미국은 러시아와 조지아 간의 전쟁과 2014년 3월 18일 우크라이나의 크림반도 점령을 계기로 2014년 3월 대통령 행정명령을 발동하여 우크라이나 사태에 연루된 개인 및 단체에 대해 자산 동결조치를 하였고, 4월에는 무기 및 수출 통제, 그 이후에 은행, 기업 수입금지 등 다각적인 제재조치를 하였다. 미국은 1990년대의 제한적 군사협력, 1996년 미국을 견제하기 위한 전략적 동반자 관계, 2006년에는 모든 분야를 포괄하는 전략적 동반자 관계로 발전하고 있는 중러 밀착에 대해서도 견제를 하고 있는데 미중 무역전쟁도 동일한 맥락이라고 할 수 있다. 미러관계는 '〈표 IV-4〉 러시아의 주요 대외 안보관계 현황' 에서와 같이 그 흐름이 잘 나타나고 있다.

2) 對일본관계

일본과 러시아의 관계는 2차 세계대전 이후 일본과 소련은 1956년 10월 상호간 '전쟁상태 종료 및 평화 우호관계 회복에 관한 공동성명' 으로

〈표 Ⅳ-4〉 러시아의 주요 대외 안보관계 현황

구분	주요 내용
對미국	- 1972년, ABM소약, 1987년 INF 조약 체결
	- 1992년 북핵 부각 이후 미러 간 대북 억제 정책 동참
	- 2001. 12, 부시대통령, 러시아를 전략적 동반자로 지칭
	- 2005. 5 우크라이나 사태로 미국과의 관계 악화
	- 2007년 이후 러시아, 미국의 MD체계 비판
	- 2009. 2 미군 임차 마나스 공군기지 폐쇄
	- 2009년 이후 오바마, 대러 관계 재설정 추진
	- 2014년 우크라이나 사태로 서방의 제재 시작
	- 2016. 12, 미국, 러시아 외교관 35명 전격 추방
	- 시리아 내전, 미러간 대리전으로 격화
對일본	- 1956년 일소 국교 정상화, 쿠릴열도 영토 분쟁 지속
	- 1991년 이후 소련 붕괴 이후 경제적 지원 활용 4개 섬 반환 시도
	- 1993. 10 옐친 일본 방문
	- 2000년 이후 대러 영토 반환 공세 시작
	- 2012년 아베 정권 등장 이후 대러시아 정책 적극 추진
	- 2016. 12, 일러 정상회담, 경제적 협력 도모, 영토분쟁 진전 미미
對중국	- 50-60년대 중소 이념 논쟁
	- 1969년 이후 중소 국경 분쟁, 1982년/1987년 국경 협상 시도
	- 1988. 9, 크라스노야르스크 선언, 중러 관계 개선 의사 제기
	- 1995년 중러 국경문제 타결
	- 1996년 중러 전략적 협력 관계 형성
	- 2001년 상하이 협력기구/중러 우호 협력 조약 조인
	- 2002. 12/2003. 5, 중러 정상회담에서 북핵 대응 공조
	- 2000년대 중국의 대러 무기수입 급증
	- 2005년 중러 국경문제타결/신세계질서 구상
對한반도	- 1994년 러시아의 KEDO 참여 좌절/1996년 4자회담 소외
	- 2000년 이후 대북 전략적 밀착
	- 2000. 7, 푸틴 평양 방문, 2001. 8/2002. 8, 김정일 답방
	- 2001. 2 푸틴 서울 방문
	- 2001. 4, 북러 방위산업 및 군사기술분야 협력 협정
	- 2011. 8, 북러 정상회담
	- 2003. 1러 외무차관 북한 방문, 대북 핵 해결책 제시
	- 2005. 9, 북중러 간 광역두만강개발계획 추진
	- 2007. 11, 나진-하산 철도연결 및 나진항 개발 합의
	- 2008년 8차 6자회담 이후 회담 재개 촉구
	- 2011년 김정일-메드베데프 정상회담
	- 2014. 5, 대북 채무 전격 탕감 조치

국교를 정상화하였으며, 소련의 해체 이후인 1991년 12월 소련을 계승한 러시아가 이를 계승하였다. 양국관계는 1980년대 고르바초프와 1990년대 옐친 대통령이 해결을 하려고 했지만 진전이 없는 상태였다. 냉전 시기 소련은 일본의 가상적국이었으나 소련의 개혁개방과 냉전 이후 경제관계 개선을 위해 화해의 단계로 변화되었다.

1997년 7월 하시모토 총리의 '신뢰, 상호이익, 장기적 관점' 이라는 외교 3원칙에 의해 관계 회복의 계기를 만들었고, 러시아에서의 양국 정상회담에서 '2000년까지 평화조약 체결, 양국 간 경협 추진, 정상회담 정례화, 군사안보교류 강화' 등에 합의하였다.

1998년 11월에는 오부치 총리가 러시아를 방문하여 모스크바 선언을 통하여 '창조적 동반자 관계' 구축 및 북방4도 국경획정 소위원회 구성에 합의하였다. 1997년 러일 양국이 새로운 외교노선을 추구하면서 돌파구가 생기기 시작했다. 1997년 크라스노야르스크 일러 정상회담에서 영토문제 해결을 위한 노력에 합의하였는데, 2000년에 접어들면서 모리 수상과 푸틴 대통령이 6차례에 걸쳐 접촉을 하였으며, 2002년 10월 모스크바에서 개최된 일러 외상회담에서 양국이 행동계획을 도출하였으며, 마침내 2003년 1월 양국정상이 추진안에 합의하였다.

양국의 정책변화는 러시아의 입장에서 경제성장을 위한 대외 지원이 필요하였으며, 세계정세가 재편되는 국제적 정세변화에 대처하기 위함이며, 일본은 지속적인 경제성장을 위한 안정적 에너지확보, 새로운 국제질서 과정에서 러일 관계 개선이 필요했기 때문이다. 이후 2001 3월과 2003년 1월, 2010년 6월의 일본 총리 방러, 2007년의 독일 G8정상회의 등으로 양국 정상간의 회동이 이어졌다.

그러나 영토문제의 미해결과 양국간 관계는 불안정한 상태로 남아 있다. 북방4도 영토는 러시아가 실효적 지배 중인 쿠릴열도 최남단 4개 도서, 즉 에토로후, 구나시리, 시코탄, 하보마이로 총 면적이 약 5,000㎢로서 약 9,000명 거주하고 있다. 제2차 세계대전에서 패전한 일본은 1951년에 미국과 '샌프란시스코 강화조약'을 맺었는데, 이 조약의 제2조에 일본이 쿠릴열도 및 1905년 '포츠머스 조약'으로 획득한 사할린 일부와 인접 제도에 대한 모든 권리와 청구권을 포기할 것을 명기하였다. 그러나 일본은 동 규정의 쿠릴열도 범위에 남부 쿠릴열도(에토로후, 쿠나시리, 하보마이, 시코탄)가 포함되지 않는다고 주장하여, 러일 양측간 해석상의 불일치가 발생하고 있다.

1956년 양국은 정식평화조약 대신에 외교적 승인만을 교환하였다. 1972년 1월 소련의 안드레이 외상 방일, 1973년 10월 다나카 수상의 방소시 상호평화조약 협상의 필요성을 인식하였으나 소련은 1960년 미일안보조약의 수정 이후 북방영토가 러시아에 위협이 될 수 있다는 판단으로 영토협상을 중단하였다. 그러나 1986년 1월 양국간 외상급 회담이 재개되고 11년 동안 중단된 일본인의 성묘가 허용되었다. 1980년대에 들어와 영토 협상이 진행되었으나 특별한 진전은 없었다.

1990년 고르바초프 대통령이 집권한 이후로 일본 측과 영토문제를 협의할 수 있다는 것으로 러시아 측의 입장이 변화되었다. 1991년 4월 고르바초프 대통령의 영토문제 공식 인정, 1993년 '도쿄 선언', 1997년 '크라스노야르스크 선언', 1998년 '모스크바 선언'을 비롯하여 각종 러·일 정상회담을 계기로 북방4도 문제에 대한 협의가 지속되었다.

그러나 옐친 대통령이 영토문제를 조기에 해결하고 평화조약 체결을 위해 노력한다는 합의를 하였지만 국내의 반대 여론 증대, 러시아군의 반대 입장, 섬에 거주하는 러시아민들의 반발 등에 의해 1992년의 도쿄 방문을 취소하였다. 1993년 도쿄를 방문한 옐친과 호소카와 총리간 동경 선언에 서명하였지만 옐친은 영토문제의 점진적 해결만을 언급하였다.

이후에도 러시아 군부 등에서 반대가 지속되고 있고 푸틴 대통령도 영토문제 해결에 적극적이나 2개 섬의 부분 반환 입장을 표명하고 있다. 이에 대해 일본은 전부 반환을 양국관계 정상화와 평화조약체결의 전제조건이라는 입장을 고수하고 있어서 실질적 진전은 이루지 못한 상태이다. 이러한 문제는 러시아 국민의 국민적 자존심 문제 거론, 러시아 정치인들과 지역민들의 부정적 태도에 기인하는데 일본에서도 정치적 의지가 결집되지 못하고 민족주의 감정을 자극하는 데 몰입하고 있는 데서 비롯된다.[89]

3) 對중국

중국과 러시아의 관계는 소련과의 관계를 거슬러 올라가 시작되었다. 1950년 모택동이 모스크바를 방문하여 소련과 공식동맹관계를 맺었고, 중국은 소련을 국가건설과 경제개발의 모델로 삼았다. 양국관계는 스탈린 사후인 1956년 2월 제20차 소련공산당대회에서 후르시초프가 스탈린을 비판하면서 냉각되었다. 1958년 소련의 대미국 친화적 태도와 핵무기 제조 기술의 미제공, 중국과 인도의 영토분쟁에서도 친인도 태도 등으로 갈등이 고조되고 상호비방으로 이어졌다.

1959년 소련은 중국과의 '국방 신기술에 관한 협정' 을 폐기하였고, 중국에 파견한 전문가들을 귀환시켰다. 1964년 소련이 중소 국경지역에 대규모의 병력을 배치하면서 베트남과 무력충돌 가능성이 있는 중국을 압박하였다. 마침내 1969년 3월 우수리강 진보도에서 양국 국경경비대간 충돌이 발생하였는데, 이를 계기로 중국은 소련을 최대의 위협으로 간주하였다. 이러한 인식이 전술한 바와 같이 미중간 전략적 접근의 배경이

89) 최태강, 『러시아와 동북아』(서울: 오름, 2004), pp. 105-168.

되었다.

1980년대에 중소 양국은 상호간의 관계개선을 위해 노력했으나 이념 논쟁의 후유증으로 실질적인 진전이 없었는데, 소련의 해체를 계기로 관계개선의 기회가 만들어졌다. 1982년 브레즈네프가 양국의 정상화 필요성을 역설하였고, 등소평의 실용주의 노선이 맞아 떨어져 관계가 회복되었다.

이때에 중국은 양국관계의 3가지 장애요인을 제시하고 이의 해결을 요구하였는데, 소련의 베트남 군사지원 중단, 아프가니스탄에서의 소련군 철수, 몽골중소국경지역 소련군 감축 등이다. 이러한 관계도 대만문제와 원자폭탄 기술제공 문제를 두고 갈등관계로 변하였다. 1989년 5월 고르바초프의 방중으로 양국관계가 정상화되었고, 1991년 5월 강택민 총서기가 34년 만에 모스크바 방문과 1992년 옐친의 중국 방문 이후 우호관계를 수립하였다.

1994년 9월 강택민 주석이 러시아를 방문하여 건설적 동반자 관계를 수립하였는데, 1995년의 중러 국경선 문제 타결과 1996년의 중러 전략적 동반자관계 선언이 이어졌다. 양국의 관계 증진은 미일 신안보체제 출범과 NATO확대에 대항한 공동전선 구축의 의지가 내포되어 있다.

1997년 4월 장택민 주석 방러시 양국은 국경병력 감축협정을 체결하였는데, 양국간 13만 4천명 이하로 병력을 감축하는 데 합의하였고, 동부국경선획정조약 체결로 4,334㎞에 달하는 국경선 문제를 타결하였다. 연이어 2001년 중러 우호협력조약 조인과 상하이 협력기구의 발족(SCO)이 이루어졌으며, 이후에도 양국 정상간 빈번한 접촉과 핫라인 설치가 성사되었다.

뒤이어 2001년 중러선린우호협력조약 체결, 2005년 양국간 신세계질서구상 공표, 그리고 2013년에 전면적 전략협력 동반자관계에 기초한 신형 대국관계 구축 등을 이루며 국익을 중시하는 관계를 증진해 왔다.[90] 양국관계는 최고위급의 전략적 대화, 무역 · 경제 · 군사 · 기술 · 과학 · 인도주의적 협력, 외교정책에서 국가 이익의 수반과 국제문제에 대한 기본 접근의 일치를 토대로 한 협력 추구를 지속하고 있다.

러시아는 중국과의 관계를 외교의 최우선으로 설정하고 있는데, 미국의 일방적 독주 견제, 아태지역의 경제교류를 위한 중국과의 관계 정상화 필요, 친서방정책의 성과 미흡 등이 대중 접근의 이유이며, 중국은 미일 신안보협력에 러중연합으로 대처, 중국과의 국경분쟁 재발 방지, 러시아의 첨단무기 적극 도입 및 군사력 강화 달성 등의 배경에 의해 친러 정책을 수행하고 있다.

1997년 4월 모스크바에서 개최된 러중 정상회의에서 미국의 패권주의를 견제할 목적의 장기적 외교 · 안보전략인 공동외교지침을 발표하였으며, 1992년 12월 옐친 대통령의 방중시 '실질적 동반자협력관계' 발전에 합의하였다.

양국간에는 상하이협력기구가 중요한 역할을 하고 있는데, 이 기구는 1996년의 5국 체제에 바탕을 두고 있는데, 중러 정상의 회동 이후 상하이에서 카자흐스탄, 키르기스스탄, 타지키스탄 등이 군사적 신뢰강화 협정을 체결했다. 이후 5개국은 7회의 정상회담을 통해 2000년 7월 상하이 5국(Shanghai Five) 체제를 공식 선언하고, 우즈베키스탄을 옵서버 국가로 인정함을 발표하였다. 이 기구를 통하여 중러는 세력 확장을 도모하고 있는데 이란, 파키스탄, 인도에 옵서버 자격을 부여하고 있으며 미국과 그 동맹국들을 견제하는 모양새다.

중국과 러시아는 군사적 접근도 강화하고 있는데, 러시아는 중국의 군

90) 곽덕환, "중국의 대러시아 외교관계 변화 연구," 『사회과학연구』 제26집 4호, 2015. 10, pp. 307-320.

사력 증강을 위해 최신에 잠수함, 전투기, 탱크 등을 판매하고 있다. 러시아는 무기판매를 통하여 국가재정을 확보하고 있는데, 양국간 군사협력은 가장 활성화된 부분으로 세계 신질서 구축에 대한 양국의 공통인식, 미국의 미사일 방어체제 구축 반대, 첨단 군사무기장비 거래 필요성, 민족분리주의 · 테러 · 종교문제에 대한 입장을 공유하고 있다.

양국은 1992년에 첫 수호이 폭격기 주문을 체결했는데, 이후 26대의 Su-27전폭기 제공, 1996년에 전폭기 22기 추가 제공, 중국 항공기 제조공장에서 200대의 Su-27전폭기 중국제조 합의, 1996년 및 2000년에 최신예 구축함 각 1척 인계, 2000년 1월 탄도미사일 요격시스템을 비롯한 첨단장비 15년간 공동개발 합의, 2000년 12월 최신예 전투기 Su-30MKK 10대 도입, 2001년에는 31억 달러에 해당하는 약 50대의 수호이 전투기 및 30대의 Su-30MKK 등의 판매가 이뤄졌다.

2002년에는 14억 달러에 상당하는 956EM 구축함 3척, 잠수함 8척 등을 인도하는 등 계속적으로 첨단장비를 중국에 판매하고 있다. 이후에는 중국의 요구로 판매정보를 공개하지 않고 있지만 계속적인 거래가 이뤄지고 있을 것으로 예상된다.[91)]

4) 對한반도

러시아는 소련시대부터 한반도와 매우 복잡한 관계를 형성하고 있는데, 한국과의 경제적 협력 필요성과 북한과의 전통적 우호관계 지속이라는 상호 병립하기 어려운 정책을 구사하기 때문이다. 한소관계는 냉전기 관계단절과 1971년 이후 1983년까지 비정치적이고 개인적인 접촉 정도가 있었다. 1973년 6월 박정희 대통령이 사회주의 국가에 대한 문호 개방

91) 최태강, 위의 책, pp. 57-103.

을 천명했고 소련도 남한에 대한 정책을 변화시켰다.

1973년 6월 한국의 작가와 8월에는 한국 대표단이 유니버시아드 대회에 처음으로 참가하였다. 1973년 워싱턴에서 양국 대사간 회동이 이루어졌으며, 1974년 10월 서울 국회도서관과 모스크바의 레닌도서관이 서적교류를 하였다. 1978년 2월 한국 민간항공기의 소련 불시착 사건 이후 소련은 승무원과 항공기를 송환하였고, 같은 해 한국 여자배구팀이 소련의 상트페테르부르크에서 열린 국제대회에 참가하였다. 이후에도 교류가 지속되었으나 1983년 9월의 KAL-007 격추사건으로 한소관계는 다시 냉각상태로 돌아갔다.

한소관계는 다시 회복의 기회를 맞이하였는데, 1986년 7월 고르바초프 대통령이 아태지역에서의 적극적 정책을 표명하였고, 1988년 9월 크라스노야르스크 연설에서 한국을 처음 언급하면서 한국과의 경제 분야 교류의 필요성을 시사하였다. 이후 양국간 인적교류 및 경제협력 대화가 활성화되었고, 1989년 말부터 영사관계 개설을 위한 접촉이 시작되었다. 1990년 2월 소련에 한국 영사관이 개설되고, 같은 해 9월 30일 양국간 외교관계가 수립되었고 대사관이 설치되었다. 이로 인하여 1990년 9월부터 1991년 7월까지 김일성은 북한을 방문하는 소련 정치인을 만나지 않았다.

한러간의 관계는 소련 말기에 이루어진 북방정책에 의해 추진되었는데 1990년 12월 노태우 대통령의 러시아 방문 이후 김영삼(2회, 퇴임이후인 2011년 5월 방러) · 김대중 · 노무현(2회) · 이명박(2회) · 박근혜 · 문재인(2회) 대통령의 러시아 방문이 있었으며, 러시아에서는 고르바초프 · 옐친 · 푸틴(3회) · 메드베데프 대통령의 한국 방문이 이루어졌다. 또한 UN 총회, APEC 정상회의, G-8 회의 및 G20 정상회의를 통해서도 정상 간 회담이 이루어졌다. 이러한 만남은 정치 · 경제 · 에너지 · 과학

기술 등의 관계 발전으로 이어졌다. 2008년 양국 관계가 '전략적 협력동반자 관계' 로 격상된 이후 북핵문제 등에 대한 협력 등 안보 차원의 협력을 강화하고 있다. 이외에도 국방 · 안보 분야 고위급 인사교류 확대와 차관급 대화 정례화 등의 협력을 다지고 있다.

구소련 붕괴 이후 양국은 아태지역의 안보경제 상황에 대해 의견일치를 보았지만 북한을 자극하지 않도록 군사협력에서는 조심성을 보였다. 현재는 러시아가 한반도에서 등거리 정책을 구사하고 있는데, 한국에 대한 명확한 입장표명보다는 우호적인 관계만을 언급하면서 남북한 상호우호협력, 한반도문제의 외교적 해결, 남북한이 참여하는 프로젝트 선호한다는 입장을 보이고 있다.

러시아와 북한의 관계는 한국전쟁 지원 김일성정권에 막대한 원조제공, 북핵문제의 적극적 중재 자청 등 다양한 형태로 나타나고 있다. 1994년 9월 파노프 차관이 특사자격으로 방북시 1961년 6월 체결된 북한과의 상호원조와 협력, 우호에 관한 조약을 파기하였다. 냉전시기 소련은 미그 23 및 29 등 전투기, 레이더, 군사기술의 주요 공급원이었다. 그 대가로 북한의 봉산과 남포항의 전투함 기항권을 받았고 북한 영공의 통과권도 얻었다.

1980년대 말 중소관계 개선으로 북한은 러시아에 대한 전략적 중요성을 상실하였으며, 군사 · 정치적 차원에서 보통의 국가관계로 변화되었고, 한소수교로 인하여 1991-1993년 간 관계가 소원하였다.[92] 2000년 2월 군사원조에 대한 조약이 삭제된 새로운 우호조약을 체결하였다. 같은 해 7월 푸틴의 평양 방문, 2001년 8월과 2001년 8월 김정일의 모스크바 및 극동지역 방문으로 양국관계가 복원되었다.

92) 최태강, 위의 책, pp. 213-263.

나. 위협 인식

러시아의 안보 위협은 미국 등 서방의 견제, 동북아지역 문제에서의 영향력 하락, 북핵 문제 등 지역문제의 위기 확산, CIS국가와의 갈등 및 제반 경제문제 등을 들 수 있는데, 이러한 인식은 '〈표 IV-5〉 러시아의 위협인식 및 안보전략'으로 요약된다.

〈표 IV-5〉 러시아의 위협인식 및 안보전략

구분	영역	내용
위협인식	체제	- 탈냉전 이후 체제 내 영향력 급감 - 미국의 경제 제재로 경제적 위기 봉착 - 북핵 문제 등에서 역할 감소
	동북아	- 역내 제반 문제에서 역할 감소 - 한미일 동맹 팽창으로 인한 위기의식
안보전략	체제	- 강력한 군사력 건설을 통한 적극 방어 전략 - 중 · 러 동맹 강화 등 전통적 동맹국과의 관계 강화
	동북아	- 북 · 중 · 러 동맹 강화 및 활용 - 중 · 러 동맹을 통한 대미 견제 - 한반도 영향력 강화 추구

1997년에 공개된 국가안보개념은 미국 등 서방세력의 동진과 미일 신방위협력지침과 일본의 안보역할 확대, NATO와 서방의 러시아 포위 전략 등을 지적하고 있다. 2001년 1월에는 새로운 안보개념을 발표하였는데, 세계질서의 개편이 다원주의적 질서로 변화되는 상황에서 국제규범을 회피하는 국가들의 행태가 표출된다고 하면서 미국을 겨냥하였다. 이로 인하여 기존의 국내적 · 비군사적 위협에 더하여 외부로부터의 심각한 군사적 위협 강조, 즉 나토의 동진을 비롯한 군사 · 정치 블록과 동맹

의 강화, 대량파괴무기와 운반수단의 확산 등 안보위협이 증대된다고 평가하고, '탈서방외교와 적극적이고 공세적인 확대지향형 핵전략'을 제시하였다. 이러한 전략을 통하여 러시아는 주권을 확보하고 다국적 세계의 한 축을 맡는 국가로서의 입장 강화, CIC국가들 및 전통적인 동반자들과의 호혜평등한 관계 발전, 인간의 권리 및 자유의 광범위한 보장 등이 가능하다고 명시하였으며, 군사영역에서는 러시아의 국익이 독립·주권·영토의 완전한 방어, 러시아와 동맹국에 대한 군사침략의 방지, 국가의 평화적·민주적 발전을 위한 조건들의 확보라고 하였다.

2000년 4월 채택된 신군사독트린에서는 군사·정치적 상황배경 및 요인과 위협을 '〈표 IV-6〉 신군사독트린의 군사·정치 상황의 배경 및 요인과 위협'에서와 같이 위협요인을 전제하고 구체적인 위협을 명시하였다. 이 독트린에서는 안보 환경을 ① 세계전쟁 발발 위험 감소, ② 세계평화와 안보를 지지하는 메커니즘의 발전, ③ 지역 중심의 세력 형성 및 강화, ④ 민족적·인종적·종교적 극단주의의 증대, ⑤ 분리주의의 강화, ⑥ 국지전과 무장 갈등 확대, ⑦ 지역적 군비경쟁 심화, ⑧ 핵/기타 대량살상무기와 그 공급자금의 확산, ⑨ 정보전의 심화, ⑩ 조직범죄 확대와 초국가적 특성 심화 등으로 평가하였고, 그에 따른 위협을 대외 및 대내로 구분하였는데, 대외적 위협은 ① 영토 요구, ② 내부 문제 간섭, ③ 국제적 문제의 러시아 참여 방해, ④ 국경 부근 무장투쟁 발발, ⑤ 적국의 병력 증강, ⑥ 적국의 군사블록과 동맹 확대, ⑦ 외국군의 우호국 영토 투입 등으로 명시하여 러시아가 미국 등 서방의 포위 전략에 매우 민감하게 반응하고 있으며 영향력 축소를 예방하려고 노력하고 있음을 보여주고 있다.

대내적 위협으로는 ① 헌정질서 전복 시도, ② 민족주의·분리주의·테러리즘 운동 및 범죄 행위, ③ 불법 무장단체의 창설, ④ 조직범죄·테러, 대규모 밀수와 범법행위 등을 들면서 푸틴체제에 도전하는 세력을

〈표 Ⅳ-6〉 신군사독트린의 군사 · 정치 상황의 배경 및 요인과 위협[93]

구분		내용
배경		① 세계전쟁 발발 위험 감소 ② 세계평화와 안보를 지지하는 메커니즘의 발전 ③ 지역 중심의 세력 형성 및 강화 ④ 민족적 · 인종적 · 종교적 극단주의의 증대 ⑤ 분리주의의 강화 ⑥ 국지전과 무장 갈등 확대 ⑦ 지역적 군비경쟁 심화 ⑧ 핵/기타 대량살상무기와 그 공급자금의 확산 ⑨ 정보전의 심화 ⑩ 조직범죄 확대와 초국가적 특성 심화
불안정 요인		① 민족주의 · 분리주의 · 테러리즘 작동 ② 비전통적 수단과 기술 이용 ③ 핵안전보장과 기구의 효율성 감소 ④ 유엔 승인 없는 군사무력 책동 ⑤ 군비/군축 협정과 위반
위협	대외	① 영토 요구 ② 내부 문제 간섭 ③ 국제적 문제의 러시아 참여 방해 ④ 국경 부근 무장투쟁 발발 ⑤ 적국의 병력 증강 ⑥ 적국의 군사블록과 동맹 확대 ⑦ 외국군의 우호국 영토 투입
	대내	① 헌정질서 전복 시도 ② 민족주의 · 분리주의 · 테러리즘 운동 및 범죄 행위 ③ 불법 무장단체의 창설 ④ 조직범죄 · 테러, 대규모 밀수와 범법행위

93) 한용섭 외, 위의 책, pp. 275-277.

응징하려는 의지가 엿보이고 있다.

한편, 러시아는 극동지역을 매우 중요한 지역으로 인식하고 있으며, 아시아 국가들과의 협력을 중시하고 있다. 러시아의 극동시베리아 지역은 러시아 총면적의 4분의 3을 차지하고 있고, 아시아 총면적의 4분의 1에 해당된다. 이 지역에는 러시아 천연자원인 산림, 석탄, 천연가스, 오일, 비철금속의 상당부분이 집중되어 있으나, 인구의 10분의 1정도가 거주하고 있고, 제반 기반시설은 취약한 상태다.

구소련의 붕괴 후 러시아는 흑해, 발틱해, 카스피해의 주요항구 및 교역통로를 상실한 반면, 극동지역은 건재한 상태다. 고르바초프가 1987년 7월 블라디보스토크 연설에서 아태지역의 중요성 역설하였는데, 주변국들의 극동지역 자원개발 적극 참여, 경제협력의 중요성이 대두되고 있다. 고르바초프는 1991년 4월 도쿄 연설에서도 아태지역의 경제통합 의지를 피력한 바 있는데, 2000년 6월, 푸틴 대통령도 '러시아연방 대외정책 개념' 에서 시베리아 및 극동지역 개발과 경제성장을 국가발전 전략으로 설정하였고, 2001년 1월 러시아 외무성 연설에서 시베리아 극동지역의 세계시장 편입을 강조하였다.

러시아가 내세우는 시베리아 지역의 장점은 시베리아 철도 이용 시 극동지역에서 유럽까지가 11,000㎞인 반면 해상수송로는 21,000㎞로 운임도 싸고 수송일수 4-5일 단축이 가능하다는 점이다. 러시아는 시베리아 철도인 BAM(Baica-Amur 철도)을 1989년에 완공하였으며, 1998년 말 시베리아 철도와 중국철도를 연결한 바 있다. 러시아는 '2016 신대외정책 개념' 에서도 아세안지역과의 전략협력, 아태지역의 통합 추진을 강조하였는데, 중국을 중요한 파트너로 인식하지만 일본, 아세안, 인도 등과의 협력을 강조함으로써 아시아 정책의 다각화를 추진하고 있다.

러시아의 군사전략은 안보전략의 중심축인데, 신군사독트린에서는 위

〈표 IV-7〉 러시아군의 주요 군사력 현황[94]

구분	세부 내용	현황(명/대)
병력	육군	240,000
	해군	148,000
	공군	145,000
	기타	265,000
	소계	798,000
육군	사단/여단	4/89
	전차	20,200
	장갑차	12,000
	견인/자주포	13,165/6,120
	다련장/박격포	4,070/4,130
	대전차유도무기	미상
	지대공미사일	1,520
	헬기	1,278
해군	핵잠수함/잠수함	13/49
	항공모함	1
	전투함	122
	소해함/상륙함(정)	45/49
	지원함	625
	전투기/헬기	72/195
해병	여단	3
	전차/장갑차	250/1,400
	야포	365
	UAV	–
	항공기/헬기	–
공군	전략폭격기	139
	전투기	872
	지원기	1,463

94) 국방부, 위의 책, pp. 240-241.

협인식을 기반으로 전략적 분쟁(대규모 및 지역전쟁), 무력분쟁(국지전쟁 및 국제 무력분쟁), 공동 작전, 반테러작전, 평화유지 중에 군사력을 사용할 수 있음을 천명하고 있다.[95]

러시아는 극동지역에서 군사적 영향력을 확보하기 위해 많은 노력을 기울이고 있는데, 2010년 6-7월간 극동 · 시베리아 지역에서 보스토크 2010(Vostok-2010) 훈련을 실시하였으며, 전투기 70대와 전함 30대, 병력 20,000명이 참가하였으며 메드베데프 대통령이 직접 참관하였다. 2010년 9월 러시아 극동 군관구와 시베리아 군관구를 통합한 동부군관구 및 전략사령부를 설립하였다.

러시아는 이를 바탕으로 아시아 태평양 지역에서 군사력을 강화하고 있다. 러시아 동부군관구는 2011년 9월 14일부터 쿠릴열도 서쪽인 오호츠크 해 일대에서 군사훈련을 하였는데 전투함 50여 척, 전투기 및 헬리콥터 50여대, 병력 1만여 명이 투입되었다. 이밖에도 동부군관구에 첨단 미사일로 무장한 전차대대 배치, 지대함 미사일 증강 등의 군사력 강화를 하고 있으며, 태평양함대에도 2012년 6월 SLBM을 장착한 최신에 핵잠수함과 최신 상륙함을 배치하였다.

한편, 러시아군은 '〈표 IV-7〉 러시아군의 주요 군사력 현황' 에서 보는 바와 같이 80만여 명의 병력과 4개 사단과 89개 여단을 운용하고 있으며, 장갑차 12,000대, 핵잠수함 13척과 항모 1대, 122척의 전투함, 139대의 전략폭격기와 872대의 전투기 등을 보유하고 있다. 특히 러시아의 핵전력은 미국과 필적할 만하다.

95) 한용성 외, 앞의 책, p. 280.

3. 북한

가. 동북아 국가와의 대외관계

1) 對미국관계

북한과 미국은 현재까지 상호 인정을 하지 않고 있으며, 어떠한 외교관계도 형성되지 않고 있다. 북한은 미국을 전쟁 개입 및 남한 동맹국으로서 적대시하고 있으며, 제1의 공적으로 삼고 있고, 미국은 대북억제정책을 지속해 왔다. 미국의 입장에서 보면 북한의 행위는 미국의 국익에 해를 끼치는 것으로서 특히 대량살상무기 확산과 핵무기 개발이 그것이다.

북한은 1963년 예멘을 시작으로 1960년대부터 1970년대까지 이집트, 인도네시아 등 제3세계 국가들과 국교를 맺고 이들 국가를 무기거래 및 군사교류의 대상으로 활용해 왔다. 또한 1980-90년대에 중국의 SCUD계열 미사일을 복제 및 성능 개량한 미사일을 이집트, 이라크, 시리아 등에 넘겨 기술을 공유한 것을 의심받고 있다.[96]

2000년대 초에는 파키스탄과 탄도미사일 기술과 우라늄농축프로그램(UEP: Uranium Enriched Programme)의 핵심 기술인 원심분리기 농축기술을 상호 교환한 것으로 의심받고 있다. 북한의 우라늄농축기술은 좁은 공간에서 작동이 가능하고 은밀하여 발견이 쉽지 않은 상태다. 우라늄 매장량이 상당한 북한의 입장에서 국제원자력기구의 눈을 피해 핵무장을 위한 무기급 우라늄을 만들어내기에 매우 적절한 것이 우라늄농축기술이다.

이외에도 위폐인 supernote를 발행하는 것으로 알려지고 있는데, 그 정

96) Martin Navias, Going Ballistic: The Build-Up of Missiles in the Middle East(London: Brassey' s, 1993), pp. 117-122.

교함으로 인하여 쉽게 식별이 되지 않으며,[97] 이외에도 정권 차원의 마약 재배와 밀매로 국제적 주목을 받고 있다.

미국과 북한의 관계는 북한의 핵무장으로 인하여 어떠한 협력도 불가한 상태다. 그러나 한국정부의 적극적인 중재로 2018년 6월 12일 싱가포르에서 최초의 북미정상회담이 개최되어 평화체제 구축과 비핵화에 대한 논의가 이루어졌으며, 새로운 관계 설정 노력, 평화체제 구축 노력, 완전한 비핵화 노력, 전쟁포로와 전쟁실종자 송환 등이 담긴 합의문을 발표한 바 있다. 그러나 북한의 비핵화와 미국의 대북경제제재 해제에 대한 실마리를 찾지 못하고 2019년 2월 28일 베트남 하노이에서 2차 북미정상회담을 열었으나 합의문조차 발표하지 못하고 회담이 결렬된 상태다. 이는 그동안에 누적되었던 북한과 미국간의 뿌리 깊은 불신에 기인한다.

미국이 주도한 그동안의 대북제재는 매년 반복되고 있는데, 1993년도의 UNSCR 0825를 시작으로 그 강도를 높이고 있으며, 제재 대상도 기업에서 개인으로 확대되었고, 제3자에 해당하는 국가의 기업들도 세컨더리 보이콧(Secondary Boycott)[98]에 따라 제재가 이루어지고 있다.

미국과 북한의 관계가 최악으로 치달은 때는 2017년부터 2018년 초로서 '〈표 IV-8 〉 북한의 미사일 발사/핵실험 현황(2017년)' 에서와 같이 북한은 2017년 2월부터 북극성 2호, 스커드-ER, KN-01, 06, 화성-12, 14, 15형 등 다양한 종류의 미사일 발사시험과 9월 3일의 6차 핵실험을 실시하

97) 슈퍼노트(supernote)는 북한이 만들었다고 추정되는 미화 100달러 위폐이며, 공식 명칭은 note family C14342로서, 인탈지오(Intaglio)라고 인쇄기로 만들어져 매우 정교하며, 미국 재무성의 비밀검찰국(the Secret Service)에서 위폐의 근원지 및 조직을 추적하고 있다.

98) 특정 대상에 대한 2차 보이콧을 의미하며, 항의 대상에 대한 직접적인 불매 운동은 1차 보이콧(Primary Boycott)이라 하며, 1차 보이콧 대상과 관계된 대상까지 거부하는 것을 2차 보이콧(Secondary Boycott)이라 한다. 2016년 미국 의회에서 북한에 대한 테러지원국 지정과 세컨더리 보이콧 시행에 대한 논의가 재개되었고 북한의 대량살상무기 개발과 확산을 막기 위하여 미국의 하원과 상원에서 2015년에 관련 법안이 발의되었다.

〈표 IV-8〉 북한의 미사일 발사/핵실험 현황(2017년)

일자	내 용
2017. 2. 12	- 북극성 2호
3. 6	- 스커드-ER
3. 22	- 무수단
4. 5	- 북극성-2호
4. 16	- 북극성-2호(스커드-ER)
4. 29	- 북극성-2호(스커드-ER)
5. 14	- 화성-12형
5. 21	- 북극성-2호
5. 27	- KN-06
5. 29	- 스커드-ER
6. 8	- KN-01
7. 4	- 화성-14형
7. 28	- 화성-14형
8. 26	- 단거리 탄도미사일 3발
8. 29	- 화성-12형
9. 3	- 6차 핵실험
9. 15	- 화성-12형
11. 29	- 화성-15형

여 한국과 미국을 비롯한 원자력기구 회원국들을 극도로 자극하였다.

미국도 '〈표 IV-9〉 미국의 주요 조치 및 언급(2017-18년)' 에서와 같이 미국의 수뇌부들이 북한에 대한 무력 사용 가능성을 직접 언급하였고, 한반도 근해에서의 전략폭격기 실제 훈련, 북한의 후원국으로 인식되는 중국에 대한 경제적 압박, 북한에 대한 대북제재를 단행하였다. 북한도 이에 대하여 2017년 노동신문에서 '자강력제일주의' 를 강조하고 괌 포위사격을 언급하는 등 설전을 벌였다.

3장에서 언급한 바와 같이 그동안 북미관계는 소련의 사주를 받은 북

〈표 Ⅳ-9〉 미국의 주요 조치 및 언급(2017-18년)

일자	내 용
2017. 7. 1	- 트럼프 대통령, 전략적 인내 실패 언급
7. 1	- 미 상원, 북 거래기업 미 금융망 접근 차단법 발의
7-8월	- 전략폭격기 폭탄투하 훈련 수회 실시
7. 5	- 미 유엔대사, 군사수단 불사 표명
7. 28	- 틸러슨 국방장관, 북과 중러 거래금지 조치
7. 29	- 미 CIA국장, 대북 비밀공작 언급
7. 30	- 미 2차 사드 요격시험 성공 발표
8. 1	- 중국에 통상법 301조 적용 검토
8. 5	- 안보리 대북제재 2371호 채택
8. 14	- 미 국방장관, 북 미사일 발사하면 전쟁
8. 17	- 미, 중남미 국가에 북한과의 단교 압박
9. 4	- 한미, 탄두 중량 해제 전격 해제 합의
9. 11	- 안보리 대북제재 결의 2375 채택
9. 19	- 트럼프, 북한 완전 파괴 경고
9. 26	- 미, 북 은행 10곳 제재
11. 9	- 미중 정상, 북한의 핵보유국 지위 불인정
11. 20	- 북한의 테러지원국 재지정
12. 22	- 안보리 대북제재 2397호 채택
2018. 1. 4	- 한미훈련 재개
1. 11	- B-52 2대 괌 전진 배치
1. 16	- 첨단 정보기 EC-130H 한국 배치

한의 6.25 도발을 계기로 시작된, 1968년의 푸에블로호 납치, 1969년의 미군 정보기 격추, 1976년에 판문점 도끼만행 사건 등의 적대적 사건에 의하여 항시 대립관계를 유지하고 있으며, 정전체제하에서 한미동맹의 연합전력에 의한 대북 우위의 군사력이 북한을 압박하고 있어서 정상적인 관계로 발전하는 데 한계를 가지고 있다. 더욱이 북한의 핵무장과 국

제사회로부터의 일탈행위가 북한의 고립을 심화시키고 있다.

2) 對일본관계

북한과 일본의 관계는 한일관계처럼 가까고도 먼 나라의 관계를 유지하고 있다. 1955년 2월 남일이 일본에 대하여 관계정상화 용의를 피력하고 경제 · 문화교류를 제안하면서 정부와 민간인을 구분한 민간 교류를 원했으나 미국과 일본의 관계가 작용하여 관계 증진이 이루어지지 않았다. 1953년 이후 일본인의 북한 방문은 계속되고 있는 상황이다. 북한은 대일관계 개선을 위해 노력을 계속해 왔는 바, 1957년 김일성이 최고인민회의에서 일본과의 관계정상화 필요성을 천명하였고, 1962년과 1964년에 남북한과 일본이 참여하는 3자회담을 제의하기도 하였다.

1959년 북일 적십자간의 귀국협정이 체결되어 1964년까지 약 8만여 명의 재일교포가 북송되었고, 북일간의 무역량도 점진적으로 증대되는 시점을 맞이하기도 하였다. 그러나 북한은 1965년 한일조약 이후 일본에 적대적 자세를 보였는데, 1970년 제5차 당대회에서 김일성은 일본의 제국주의를 비난하면서 관계정상화에 한일조약 선파기 조건을 내걸었다. 이후에도 양자 관계는 부침을 거듭하였는데, 1981년 9월 양측은 '조일우호촉진친선협회' 를 조직하고 관계회복을 위해 노력하였으며, 1977년에 '민간어업협정' 을 체결하는 등의 조치를 취하였다.

1980년대 들어 양측관계는 북한의 대일 채무문제, 식민지 배상금, 북한에 거주하는 약 6,000명으로 추정되는 일본 여자들의 모국 방문, 일본인 납치문제 등이 쟁점화 되어 쉽게 활로를 찾지 못하고 있다. 1990년대 이후에도 일본이 적십자를 통한 식량지원 및 각종 수교회담을 통하여 관계회복의 노력을 하고는 있지만 일본이 북한의 핵개발 및 핵무장을 빌미로 미일 안보협력 강화, 자위대의 전력강화와 해외파병 합법화 등 우경화를 꾀하고 있어서 회복 가능성이 희박한 상태다.

3장에서 언급한 바와 같이 2013년에는 아베 내각의 특명담당인 이지마가 방북하고 아베 총리의 방북도 무산되었고, 2014년 5월 29일에 양자간 납북일본인 재조사 합의도 입장차가 심하여 이루어지지 않고 있다.

3) 對중국관계

북한과 중국은 6.25전쟁을 함께 한 혈맹으로서, 미국의 대북 압박에 공동전선을 형성하는 동맹으로서의 관계를 지속하고 있다. 6.25전쟁은 북중관계를 형성하는 가장 중요한 동인인데, 중국의 대북영향력은 6.25참전으로 급격히 증대되었다. 북한은 중공군의 참전으로 패망의 위기에서 벗어날 수 있었으며, 중공군은 전후 약 4,000개의 다리와 5개의 저수지, 3,768개의 제방건설에 연인원 500만 명을 투입하였고, 패전의 위기 구원, 경제적 건설 및 대량의 원조 지원, 참전 중 약탈 금지 등의 모습에 따라 북한과 중국은 급속도로 밀접한 관계를 만들었다.

그동안 북중관계는 '〈표 IV-10〉 북한－중국 관계 주요 현황' 에서와 같이 중공군의 철수가 이루어진 이후에도 긴밀한 상태를 유지했다. 북한은 중국의 인민공사제도와 유사한 협동농장 제도를 시행하였고, 대약진운동과 유사한 천리마운동도 전개하였다. 1958년 주은래 수상의 방북과 김일성의 방중이 이루어졌고, 운동 등 1961년 북한은 중국과 우호협력조약 체결하였다.

북한은 중국과 소련의 관계 변화에 따라 입장을 취해 왔는데, 1960년대에는 소련의 외교방식에 불만을 품고 친중 노선을 택했으며, 이러한 노선은 후루시초프 실각 때까지 이어졌다. 북한과 중국은 문화혁명기에는 소원하였으나 1968년 중국의 문화혁명이 종료되면서 다시금 밀접해졌다. 북중 밀착은 상대적으로 북소관계의 약화를 의미하였는 바, 미일의 접근, 반미강경노선의 일치, 후진적 경제발전단계 공유 등 경제정책 유사, 1인 장기독재의 정치적 상황 유사, 문화적 동질성, 김일성의 오랜 중국 생활 등이 영향을 미쳤다.

북중관계는 고위급의 방문으로 더욱 밀착되었는데, 1975년 김일성 방중, 1978년 화국봉의 방북, 1980년대 초 호요방의 평양방문과 김일성 부자의 방중, 1982년 4월 등소평과 호요방의 평양 방문, 9월 김일성이 방중 등이 이어졌다. 북한은 방중을 통하여 무기 및 석유 공급 확대와 한중 접근 견제 등을 시도하였다.[99]

향후 북중관계는 더욱 복잡하게 진행될 것으로 판단된다. 지역 차원에서 미국과 중국을 비롯한 주변국들간 영향력 증대를 위한 힘겨루기가 지속됨에 따라 미국과 서방의 대중러 압박이 강화될 것이다.

이미 시진핑 주석이 북한과의 관계를 정상국가로 규정하였고, 대북제재에도 동참하고 있다. 특히 북한의 핵보유국을 중국이 인정하지 않고 있어서 북한이 중국과의 혈맹관계를 유지해 나가는 것도 쉽지 않을 전망이다.

중국의 안보적 역할이 한반도 전체에 어떠한 영향을 미칠지를 살펴보아야 할 것이다. 북한과는 경제적으로 북한이 중국에 거의 종속된 수준으로서 중국이 갖는 영향력이 절대적이라고 할 수 있다. 작금의 상황은 북한의 비핵화를 위한 미국의 압박이 최고조에 이르렀고, 북한도 북미협상의 진전 여하에 따라서 미래가 결정되는 중대한 시기를 맞이하고 있다. 이러한 시점에서 중국은 조율자로서 역할을 해야 하나 미중관계라는 복잡한 구조도 영향을 미치고 있어서 그 진로를 예측하기가 쉽지 않다.

99) 민병천 편, 『북한의 대외관계』(서울: 대왕사, 1987), pp. 83-111.

〈표 Ⅳ-10〉 북한－중국 관계 주요 현황

구분	주요 내용
1949. 10	북 · 중 국교 수립
1950. 10	중국 인민군 참전
1953. 11	김일성 방중, 북 · 중 경제협정 체결
1954. 1	북 · 중 직통열차 운행 협정 체결
1954. 10-1958. 10	중국군 인민지원군 북한 철수
1958. 2	주은래 등 대표단 방북
1961. 7	조 · 중 우호협력 및 상호원조 조약 체결
1962. 10	조 · 중 국경조약 체결
1963	중 · 소 분쟁 시 중국 지지
1966	북한, 중국 문화혁명 비판
1970. 4	주은래 방북, 문화혁명 관계 이전 회복
1971. 7-8	김일성 방중, 북 · 중 군사교류 협정 체결
1972. 3	주은래 방북, 미 · 중 회담 설명, 관계 냉각
1972. 8	김일성 방중, 남북대화 설명
1978. 5/9	화국봉 주석 방북/등소평 방북
1981. 10	조자양 총리 방북
1982. 9/1983. 6	김일성 · 김정일 방중
1984. 5/11	호요방 방북/김일성 방중, 등소평과 회담
1987. 5/11	김일성 중국 친선 방문/북 · 중 총리회담
1988. 5	오진우 방중, 등소평과 회담
1990. 3/1991. 10	강택민 방북/김일성 방중
1992-1998년	한중수교 이후 관계 소원
2000. 5-2010	김정일 방중 이후 6차례 방중
2001. 1	북 · 중 관계진전 합의
2001. 9	장쩌민 주석 방북
2003	후진타오, 대북 16자 방침 천명
2003. 4	조명록/중국 군사대표단 상호 방문
2005. 10	후진타오 방북, 4원칙 천명
2006. 10	중, 북한 핵실험 강력 비난
2009년	북중 친선의 해 설정, 고위급 상호 방문
2009. 5	북 2차 핵실험으로 관계 소원
2010. 5-2011. 8	김정일 4회 방중, 정상회담 3회 개최
2011. 12	중, 김정일 사망 후 대북 관계 공고 천명
2012 이후	북중 고위급 방문 지속
2012. 11	시진핑, 북중 간 정상국가 추구 천명
2013. 5	최룡해 특사 파견
2015. 9/10	최룡해/류윈산 상호 방문
2018	김정은 3차례 중국 방문, 시진핑과 회동

4) 對러시아관계

북한은 정권초기 소련의 위성국으로서 모든 부분에서 통제와 지배를 받아왔다. 1949년 3월에 체결한 '경제 · 문화협조협정' 으로 양측간 경제협력 및 인적교류가 활발하게 진행되었으며, 소련이 북한의 대외경제에서 차지하는 비중이 4분의 3에 이르렀다. 그러나 북소관계는 6.25 전쟁의 위기시에 지원을 요청하는 북한의 요구에 소련이 냉담하여 관계가 악화되고, 역으로 북한의 대외관계 비중이 중국으로 기울어지기 시작했다.

북소관계는 일정부분의 관계를 유지했지만 1958년 이후의 중소분쟁기에는 탈소정책이 진행되었고, 북한이 중국식 경제방식을 따르기 시작했다. 이때에도 북한은 소련과의 관계를 유지하였다. 소련은 북한의 전후복구에도 관여하였는데, 1959년에 맺은 '조소기술원조협정' 과 '원자력의 평화적 이용에 관한 협정' 을, 1958년 12월 '무역확대협정' 등을 맺었고, 1959년에 '문화협조계획' 에 합의하였다. 소련은 북한 핵무장의 모체 역할을 하였고, 북한의 핵과학자를 양성하는 데 많은 지원을 하였다. 1961년 북한은 중국 및 소련과 각각 '우호협조조약' 을 맺어 소련과의 교류를 계속 전개하였다.

그러나 1958년 이후 북소관계에 금이 가기 시작하였는데, 소련의 쿠바 위기에 대한 태도를 비롯한 대미 굴욕외교, 미국과의 평화공존 주장, 중국과 인도의 국경분쟁에서 인도 측에 무기를 공급하고 중소가 상호 대립한 상황에 따라 탈소정책을 지속했으며, 경제적인 측면에서도 자립경제를 채택하였다.

이러한 관계는 더욱 악화되는 사건들을 겪게 되었는데, 1969년 4월 북한의 EC-121격추 사건에 대해 소련의 외면은 북한이 친중공 성향으로 변화되는 결정적 계기가 되었다. 1970년대 강대국간의 평화공존 시기에는 북소관계도 큰 진전이 없었다. 그러나 1984년 5월 김일성의 소련 방문으로 북소간 관계가 회복되었고, 이를 계기로 1980년대 초까지 소련은 공장, 발전소, 정유공장 증설을 지원하였으며, 군사협력도 확대하였는데, 소련은 미그 23기 50대, SA-3미사일 30대를 제공하였고, 북한도 소련에 군항제공 및 영공 비행권을 허용한 바 있다. 1986년 7월 동맹조약 25주년 기념행사에서 소련측은 유사시 소련함대의 즉각 지원, 필요시 합동작전 실시, 필요시 소련 해병대의 공동 대응 등 대북 군사협력 의지를 표출한 바 있다.

3장에서 언급한 바와 같이 중소관계를 활용하려던 북한은 중소관계 회복으로 전략적 입지가 줄어들었으며, 한중 및 한소 수교로 지역에서의 지렛대가 약화되었기 때문이다. 탈냉전기에도 북소관계가 획기적으로 진전되지 못한 것은 소련의 주체사상에 대한 미온적인 지지, 북한의 친중 성향, 북한의 소련지원 불만족, 북한의 한소접근 불원 등에 기인하고는 있으나, 북한이 소련의 오랜 동맹국이며, 지리적인 근접성, 서방에 대한 공동의적 개념 유지, 소련식 무기체계 유지, 중국견제 등의 전략적 계산 등으로 어느 정도의 관계를 유지하고 있다.[100]

나. 위협 인식

북한의 위협인식은 북한의 오랜 행태를 통하여 분석할 수 있는데, 이 책에서는 '〈표 IV-11〉 북한의 위협인식 및 안보전략' 에서와 같이 북한의 위협을 체제 측면에서 사회주의체제와 1인 독재체제의 소멸, 비확산체제의 견고함에 따른 핵무장 억제를 들었으며, 동북아 측면에서는 미국의 패권주의로 인한 북한의 핵무장 억제와 중국 및 러시아의 대북 지원 약화로 설정하였다. 한반도 측면에서는 한미연합전력의 우세에 따른 북한의

100) 민병천 편, pp. 83-111.

군사적 억지력 및 전쟁을 통한 적화통일 추구 불가와 북한의 내구력 약화에 따른 체제 위기를 상정하였다. 북한의 위기는 한 마디로 생존이라고 할 수 있다.

첫째, 체제 측면에서 북한의 유일지배체계는 전 세계적 기류와 상당히 상반된다. 역사적으로 볼 때 현대에 들어와 전 세계에 존재한 독재자는 많았지만 3대 세습의 사례는 초유의 일이다. 히틀러 15년, 무솔리니 23년, 스탈린 31년, 모택동 45년, 카다피 42년, 후세인 26년 등이다. 김일성 왕조는 1945년 이후 지금에 이르고 있다.

〈표 Ⅳ-11〉 북한의 위협인식 및 안보전략

구분	영역	내용
위협인식	체제	- 사회주의 체제와 1인 독재 체제의 소멸 - 비확산 체제의 견고로 핵무장 억제
	동북아	- 미국의 패권주의로 북한의 핵무장 억제 - 중러의 대북 지원 약화
	한반도	- 한미 연합전력의 우세 진행 - 북한의 내구력 약화
안보전략	체제	- 사회주의 세력 연대 및 생존 - 비확산 체제 극복 및 핵보유국 인정
	동북아	- 북중러 연대, 한미일 동맹에 대응
	한반도	- 한반도 사회주의화 달성

'왜 북한의 독재정권은 멸망하지 않는가?' 이러한 의문은 '북한에는 왜 쿠데타가 발생하지 않는가?' 라는 질문과 함께 자주 등장하는 주제다. 특히 2011년 튀니지에서 발생한 재스민 혁명은 튀니지 국민에 의해 24년간 지속된 독재정권이 붕괴되었는데 이러한 민주화 운동이 이집트, 리비

아 등으로 확산되어 이집트의 무바라크와 리비아의 카다피가 무너지는 결과를 초래했다. 북한은 철저한 통제와 무자비한 숙청으로 북한주민을 억제하고, 모든 권력기관을 동원하여 쿠데타의 싹을 자름으로써 세계적 기류를 피해가고 있다.

한편 비확산체제에서 추구하는 수평적 핵확산 위기를 불러일으킨 북한은 핵보유국으로 인정받지 못하고 비핵화와 체제종결이라는 양자택일을 강요받고 있다. 북한도 정상적인 국가로 평가받지 못하지만 소위 불량국가로 언급되는 국가들의 핵보유 의지는 체제의 심각한 불안요인으로 작용하고 있다. 또한 북한의 핵보유국 인정은 일본, 대만, 한국, 이란 등 많은 국가의 핵무장 동기가 되는 도미노 현상을 초래할 위험성이 크므로 비확산체제에서 북한의 핵보유 인정은 불가능하다.

둘째, 동북아지역에서 미국은 패권을 추구하고 있으며, 북한의 핵무장을 억제하기 위하여 중국의 동참을 요구하고 있다. 중국이 미국의 요구를 거부하고 G2국가로서의 강대국 권리를 선언한 이후 벌어진 미중간 무역전쟁은 중국은 물론이며 북한을 겨냥한 것이다. 경제적으로 중국에 종속된 북한은 지금 상당한 위협에 직면해 있다. 북한이 지금 꺼내들고 있는 대미협상카드를 가지고 저울질할 때가 아닌데도 북한은 미국과 위험한 게임을 벌이고 있다. 또 다른 변수는 중국과 러시아가 언제까지 북한을 지지해 줄 것인가이다. 중국도 미국과의 무역 전쟁이 장기화되는 것을 원치 않고 있으며, 러시아도 미국이 러시아에 대한 경제제재를 풀고 협력적 관계로 전환되길 바라고 있다. 미국의 공화당 정권이 민주당 정권으로 바뀐다면 이러한 중러의 바람은 쉽게 이루어질 전망이다. 북한이 역사적 과정에서 여러 번 경험한 것처럼 북한은 한 순간에 고립될 처지에 놓일 것이다.

셋째, 한반도 측면에서 보면 북한의 재래식 전력의 우세도 2000년도에 들어와 한연합전력에 뒤처지고 있어서 북한의 무력적화통일 야욕도 실현이 불가능하다. 북한은 이러한 열세를 극복하기 위하여 비대칭 전력을 중점적으로 키워왔으나 이마저도 여의치 않은 실정이다.

마지막으로 북한의 가장 큰 위협은 북한 체제의 내구성이다. 북한정권은 이미 3대를 거치면서 강력한 통제체제를 갖췄지만 역으로 외부세계의 정보를 어느 정도 주민들의 욕구가 상당할 것으로 예상된다. 작금의 상황을 보면, 북한의 경제는 이미 오래 전부터 심각한 문제를 안고 있다. '[그림 Ⅳ-1] 북한 경제문제의 심화 진전 상황' 에서 북한의 경제 실패과정을

- 북한의 계획경제 문제 심화(전 기간)
- 경제 · 무력 병진노선의 폐해
- 선군경제노선의 폐해(1990년대)
- 사회주의 경제권 붕괴(80-90년대)

- 마이너스 성장 · 소비재 부족(90년대)
- 극심한 식량난(90년대 이후)
- 시장경제의 발현(2000년대)
- 개성공단 · 금강산관광 활성화(2000년대)

- 화폐 · 경제개혁 실패(2000년대)
- 경제 · 핵무력 병진노선의 폐해(현재)
- 남북한 경제교류 단절(현재)
- 경제특구 · 북한식 경제개혁 시도(현재)
- 핵개발 관련 국제제재 시행

[그림 Ⅳ-1] 북한 경제문제의 심화 진전 상황[101]

101) 박영택, 앞의 책, p. 279.

보여주고 있는데, 북한의 계획경제체제가 정상적으로 작동하지 않았으며, 경제 · 무력 병진노선과 선군경제노선의 폐해 또한 심각하게 작용하였다. 북한의 경제는 1990년대에 들어와 마이너스 성장, 소비재난, 식량 및 연료 부족, 화폐의 기능정지, 각종 경제조치의 실패, 외자 유치의 부실 등에 의해 겨우 숨을 쉬는 실정인데 중국이 그 명맥을 이어주고 있다.

그리고 핵개발 이후 진행된 국제제재는 북한의 경제를 더욱 어렵게 하고 있다. 2000년대에 들어와 북한은 이를 극복하기 위하여 7 · 1경제관리 개선조치, 화폐개혁 등 시장경제 활성화, 남북경제교류 확대, 중러와의 대외무역 강화 및 인력수출 활성화, 경제 · 핵무력 병진노선의 시행, 특구지정 및 6 · 28조치, 5 · 30노작(우리식 경제관리 방법)의 추진 등 다양한 노력을 전개하여 왔으나 오히려 핵무장에 따른 제재국면을 만들어 위기를 자초했으며, 남북관계의 경협이 중단되어 북한경제는 더욱 어렵게 되었다.

다. 안보 및 군사전략

북한의 안보전략은 당규약에서 밝힌 대남전략에서 드러나고 있다. 3장에서 언급한 바와 같이 북한은 당규약에서 당면목적은 전국적 범위(한반도)에서 민족해방과 인민민주주의 혁명의 과업을 수행, 최종목적은 온 사회를 주체사상화하여 인민대중의 자주성을 완전히 실현하는 것으로 요약되며, 헌법 서문에서도 통일을 언급하고 있어서 우리와의 체제 경쟁이 핵심적인 안보전략임을 알 수 있다.

'김일성과 김정일이 통일의 강력한 보루를 다지고, 통일의 근본원칙과 방도를 제시하고, 통일을 전민족운동으로 발전시키고 있다' 는 표현을 사용하고 있다. 앞서 밝힌 바와 같이 6.25전쟁을 일으켜 한반도 적화를 위한 무력도발을 감행하였으며, 전쟁을 통한 통일의 실패를 경험한 후 사대군사노선을 통하여 북한을 군사국가로 변모시켰다. 분단 이후 약 3,094회의 침투 및 국지도발로 한반도에 긴장을 조성하여 왔으며, 핵무장을 통하여 한반도를 일시에 적화시킬 수 있다는 망상에 빠져 있다.

북한의 군사전략은 한 마디로 '대량선제기습공격'으로 표현되는데, 군사전략에는 6.25전쟁을 교훈으로 삼아 미국의 증원군이 도착하기 이전에 전쟁을 종결하는 '단기 속전속결 전략이며', 전쟁의 주도권을 장악하는 '초전 기습공격과 정규 · 비정규전의 배합전'이 포함되어 있다. 이를 위하여 북한군은 강력한 화력과 기갑 · 기계화부대 육성, 특수전 능력 향상, 도시작전과 야간 · 산악훈련 강화, 정보전 및 상륙전을 강화하는 첨단전쟁 수행능력 보강 등에 총력을 경주하고 있다.[102]

북한은 군사구조도 '[그림 IV-2] 북한의 지휘구조'와 같이 이러한 전쟁수행능력 목적을 달성하기 위하여 단일군 체제로 만들어 일사불란한 지휘체제를 이루고 있다.

한편, 북한은 1962년 12월에 개최된 노동당 중앙위원회 제4기 5차 전원회의에서 4대군사노선을 채택하였는데, 중소분쟁 시기에 경험하였던 중국과 소련의 대북 노선 변화 때문이다. 4대군사노선은 북한의 군사전략을 완성하기 위하여 만들어진 군사국가와 전략으로서 전인민의 무장화는 정규전 병력의 보충은 물론 비정규전의 확대를 위해, 전국토의 요새화는 전쟁의 장기화 및 공수 양면에 대비하기 위하여, 전인민군의 간부화는 전시에 급속히 증편될 병력에 대한 지휘를 보장하고 전투력의 질적 향상을 위하여, 군장비의 현대화는 전시의 한 · 미 연합군에 대응하는 첨단전력을 구축을 목적으로 하고 있다. 김일성은 4대군사노선에 대해 다

102) 국방부, 위의 책, p. 21.

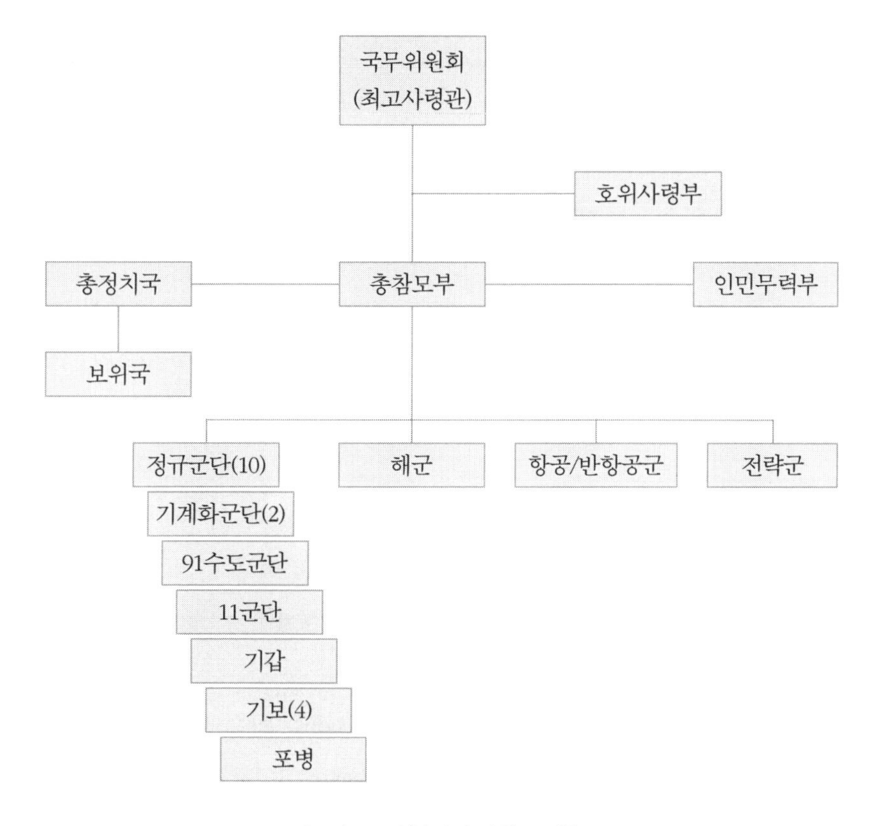

[그림 IV-2] 북한의 지휘구조[103]

음과 같이 그 의미를 부여하고 있다.

〈전인민의 무장화〉－우리나라에서 인구가 적은 조건에서 지금보다 정규 군을 더 늘릴 수는 없습니다.…전 인민이 싸울 수 있게 준비되어 있으면 적들이 침입해도 겁날 것이 없습니다.…조국해방전쟁 때 우리가 일시적으로 후퇴하지 않으면 안 되었던 것은 바로 전인민

103) 국방부, 앞의 책, p. 22.

의 무장화를 실현하지 못한 사정과 중요하게 관련되어 있습니다.

〈전인민군의 간부화〉－앞으로 전쟁이 일어나면 전체 인민이 싸워야 합니다. 전체 인민이 무장을 하고 나설 때 인민군대는 그 앞에서 서서 싸울 뿐 아니라 많은 간부를 내어 인민무장력, 다시 말하면 노동적위대, 붉은 청년근위대를 지휘하여야 합니다... 인민군대는 유사시에 전사로부터 장령에 이르기까지 한 등급 이상의 높은 직무를 담당할 수 있어야 하겠습니다.

〈군장비의 현대화〉－군수공업부문에서의 중요한 과업은 무기와 전투기술 기재의 질을 높이는 것입니다. 전쟁이 일어나면 전국의 모든 공장, 기업소들이 전쟁승리를 위하여 복무하도록 하여야 하겠습니다. 인민 경제 모든 부문에서 절약 투쟁을 강화하여 식량, 연유, 고무, 유색금속, 화약을 비롯한 여러 가지 전쟁물자 예비를 더 많이 마련하여야 하겠습니다. 적어도 몇 해 쓸 수 있는 물자 예비를 마련해 놓아야 전쟁준비를 해놓았다고 말할 수 있습니다.[104]

〈전국토의 요새화〉－현대전의 승패는 전쟁수행에 필요한 인적, 물적 자원의 장기 보장 여부에 달려 있습니다. 군사전략상 주요지대의 요새화가 필요하다 하겠습니다.[105]

과연 북한은 핵무기를 사용할 것인가? 북한의 핵무기를 비롯한 대량살상무기는 비대칭전력으로서 전력상 열세에 놓여 있는 북한이 반드시 활용할 가능성이 있다. 핵무기는 모든 핵 국가들의 경우에서처럼 그 자체가 적의 공격을 저지하는 억지전략의 주요수단이 될 수 있다. 따라서 예상되

104) 김일성, '인민군대를 더욱 강화할데 대하여', 『김일성 저작집 제30권』(평양: 조선노동당출판사, 1985).

105) 김일성, '현 정세와 우리 당의 과업', 『김일성 저작선집 제4권』(평양: 조선노동당출판사, 1979).

는 북한의 전략을 복합전, 즉 '북한이 전평시를 막론하고 대량선제기습 공격 전략의 기조하에서 비대칭전, 이념전, 심리전 등 다양한 전술을 구사할 것'[106]으로 예상하였으며 이를 위하여 북한은 보유한 정규전과 비정규전 능력이 모두 활용 가능하며, 유사시 혹은 북한이 대남 위협을 위하여 핵무기의 사용을 전망하였다.

'〈표 Ⅳ-12〉 전 · 평시 및 급변사태시 복합전 전개 양상과 핵사용 가능성' 에서 보는 것처럼 북한은 전평시 및 급변사태를 막론하고 정규전과 비정규전 병력을 활용하며, 핵무기도 활용할 것으로 예상된다.

〈표 Ⅳ-12〉 전 · 평시 및 급변사태시 복합전 전개 양상과 핵사용 가능성[107]

× 미사용, △ 간접 활용, ○ 직접 활용

	구분	형태	복합전 요소(지속성)	핵사용
평시	은밀 공격	기습	정규 · 비정규전 병력(단기)	×
	제한적 포격	기습+표출	정규병력(중기)	×
	제한적 점거	기습+표출	정규 · 비정규전 병력(장기)	△
	전국적 공격	표출	정규 · 비정규전 병력(장기)	△
	요인 납치	기습	정규 · 비정규전 병력(단기)	×
급변사태	군사적 거부	표출	인민군 무장세력(중기)	△
	약탈방화	기습+표출	민간 · 인민군 무장세력(장기)	×
	체제적 거부	표출	당원 · 인민군 무장세력(장기)	△
	WMD 점거	기습+표출	핵전문가 · 인민군 무장세력	△
전시	제한전 Ⅰ	기습+표출	도서 점거 → 해방구化 → 장기대치	△
	제한전 Ⅱ		접경지역 점거 → 장기대치	△
	전면전 Ⅰ		전방위적 점거 → 장기대치	△
	전면전 Ⅱ		제한적 복합 공격	△
	전면전 Ⅲ		대량기습선제공격	○

106) 박영택, 앞의 책, p. 254.
107) 박영택, 위의 책, p. 260.

제5장

남방 및 북방삼각체의 안보 영향 요인과 대책

제5장

남방 및 북방삼각체의 안보 영향 요인과 대책

1. 동북아안보복합체의 안보 영향 요인 진단

부잔의 지역안보복합체 이론에 근거하여 그 실체를 밝힌 동북아안보복합체는 핵심 하부구조인 남방삼각체와 북방삼각체, 그리고 한반도로 구성되어 있으며, 이 책에서는 미국, 일본, 중국, 러시아, 그리고 남북한을 구성국가로 한정한 바 있다.

한반도 안보는 복합체와 적대/우호의 패턴과 힘의 분표 등의 관계가 작동한 결과 동북아안보복합체와 두 개의 하부구조의 영향을 받는다. 동시에 복합체를 구성하는 단위 국가들은 지리적 근접성과 복합적인 안보 요인에 의해서 서로의 안보에 밀접한 영향을 미치고 또한 영향을 받는 상태에 놓여 있다.

따라서 저자는 '〈표 V-1〉 동북아안보복합체 진단 요소 및 기대효과' 에서와 같이 한반도 안보를 복합체 차원에서 진단하기 위하여 2, 3, 4장의 내용을 중심으로 첫째, 구성 국가간 관계를 진단하고, 둘째, 두 삼각체의

〈표 V-1〉 동북아안보복합체 진단 요소 및 기대효과

안보영향 진단 요소	기대 효과
구성국가 간 관계 진단	- 복합체의 역동성 및 안정성 평가 - 관계의 핵심 원인 진단 · 대책 도출 - 삼각체의 내구성 및 응집력 평가
삼각체의 SWOT 분석 · /영향 요인 진단	- 삼각체의 강약점 · 외부 투사력 진단 - 삼각체의 미래 전망 - 삼각체의 안보 영향 요인 진단
삼각체의 협력 · 충돌 요인	- 삼각체의 복합체 영향 요인 진단 - 복합체의 안보 불안 요인 · 해결책 제시

SWOT분석 및 영향요인을 평가한 후, 마지막으로 남방 및 북방삼각체간의 협력 · 충돌 요인을 파악하고자 하였다.

복합체내의 구성국가간 관계 진단은 복합체의 역동성 및 안정성 평가, 각 관계의 핵심 원인 진단 · 대책 도출, 그리고 각 삼각체의 내구성 및 응집력 평가의 기회를 제공할 것이며, 삼각체별 SWOT 분석은 두 개 삼각체의 강약점 및 외부 투사력 진단, 미래 전망, 그리고 안보 영향 요인 진단을 용이하게 할 것이고, 두 삼각체간의 협력 · 충돌요인 평가는 삼각체의 복합체에 대한 영향 요인 진단과 복합체의 안보 불안 요인 · 해결책 제시에 효과적일 것으로 판단하였다.

가. 동북아안보복합체 구성국가간 관계 진단

동북아안보복합체 구성국가 6개국간의 관계는 총 15개가 존재한다. '[그림 V-1] 남방 및 북방삼각체의 국가별 관계 평가' 는 각 국가간의 관계를 보여주고 있는데, 이 책에서는 동맹, 밀착, 보통, 경쟁, 적대 등 다섯 유형의 관계를 설정하고 각각의 관계를 구분하였다.

먼저 동맹관계는 양국간 공식적으로 동맹임을 천명하는 것으로서 국교 정상화를 비롯하여 외교적 · 군사적관계가 설정되고 현재까지 그 관계가 지속되는 것을 말한다. 특히 동맹관계는 국민적 지지를 바탕으로 형성되어야 하는데, 유사시 국내적 지원이 정책결정의 주요 동인으로 작용하기 때문이다.

둘째, 적대관계는 해당국가가 설정한 위협의 대상이며 외교적 적대적 관계가 노골화되고, 군사적으로도 상호 대치하는 관계를 말한다. 적대관계는 직접 군사적 충돌의 경험을 하였으며, 국민들간에도 상호간 적으로 인식하는 수준을 유지하는 상태를 말한다.

셋째, 보통관계는 국가간의 관계를 유지하고 외교적 · 경제적 교류뿐만 아니라 인적교류가 다 이루어지나 국익을 두고 수시로 충돌하는 관계를 말한다. 한 마디로 표현하면 동맹도 아니고 적도 아닌 관계다.

넷째, 밀착관계는 동맹처럼 생존이라는 사활을 걸고 국익을 공유하지는 않지만 공동의 이익을 공유한 부분이 많고 이를 위하여 상대방과 다방면에서 공조관계를 형성하는 것을 말한다.

마지막으로 경쟁관계는 체제 혹은 지역이라는 구조내에서 일어나는 동적인 관계인데 어느 집단을 이끌거나 주도하는 국가들이 패권 혹은 영향력을 두고 대칭적인 관계에 있는 것을 말한다.

'[그림 V-2] 국가간 관계 유형과 우호 정도(0-10: 우호도 척도)' 는 각 관계가 어느 정도의 우호도인가를 나타내는 도표다. 0은 우호도보다는 적대감이 더 강한 단계이고 동맹관계는 다른 관계보다는 비교우위 측면에서 우호도가 가장 높다는 것을 의미한다. 따라서 우호도 순서를 기준으로 나열하면 동맹관계 → 밀착관계 → 보통관계 → 경쟁관계 → 적대관계로 정리된다.

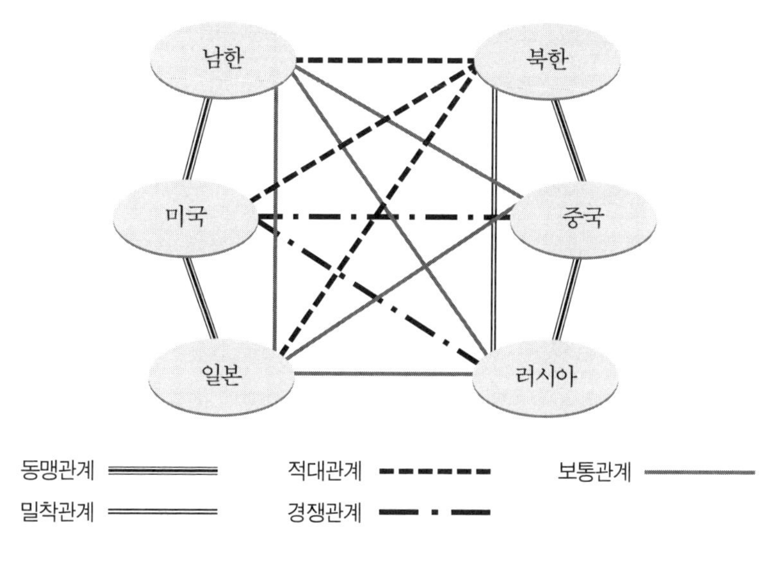

[그림 V-1] 남방 및 북방삼각체의 국가별 관계 평가

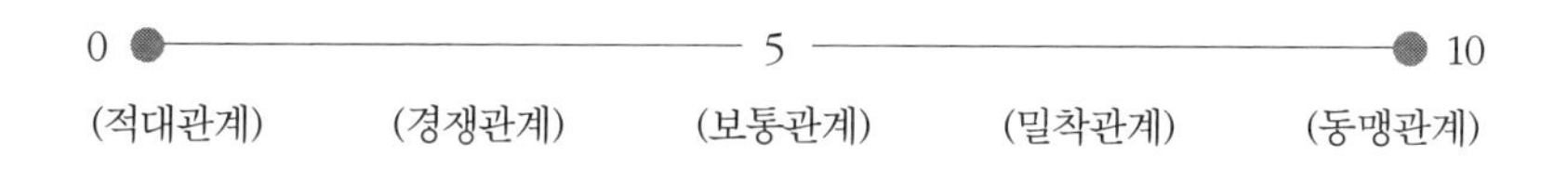

[그림 V-2] 국가간 관계 유형과 우호 정도(0-10: 우호도 척도)

이상과 같은 개념을 바탕으로 동북아안보복합체를 살펴보면, 첫째, 안정성과 불안정성 측면에서 안정적이지 않다. 한미일 동맹의 세 축이 동맹관계인 반면 북중러는 북중의 한 축이 동맹이고 중러와 북러의 두 축은 밀착관계다. 이는 북방삼각체가 남방삼각체에 비하여 밀집도나 결속력이 약하다는 것을 의미한다. 3장에서 살펴본 바와 같이 구소련은 중국에 원폭기술을 제공하지 않거나 중인분쟁에서 인도를 지원한 바 있었다. 북한이 한국전 당시 패망 위기에서 손을 내밀었지만 외면한 적도 있었다.

둘째, 삼각체간 관계에서 볼 때, 미국이 중국 및 러시아와 팽팽한 대립

관계를 보이고 있지만 두 강대국을 상대하는 입장이다. 일본은 그에 반하여 중국 및 러시아와 보통관계를 유지하고 있다. 미일동맹이 일본의 보통국가화를 추진하는 데 힘을 모으고는 있으나 현재에는 일본이 세력화하여 남방삼각체를 지원하기에는 역부족인 상태다.

셋째, 이러한 불안정적 균형 상태는 한반도의 상황에도 영향을 미치고 있다. 한미일 동맹이 북한의 비핵화를 압박하고 있는데, 중러가 북한의 후견인 역할을 함으로써 비핵화를 더디게 만들고 있다.

넷째, 복합체 내에서 5개의 보통관계가 존재하는 것을 변화 가능성을 암시하는 것이다. 남한과 일본의 대중러 관계와 한일관계의 변화는 그 향방에 따라 복합체 전체의 안정성에 영향을 초래할 수 있다.

마지막으로 북한과 한미일간의 적대관계는 한반도의 안정에 매우 심각한 불안요인으로서 악화정도를 통제할 수 있는 지렛대가 부족한 상태다.

한편, '〈표 V-2〉 동북아안보복합체 국가간 관계와 안보 영향요인' 은 각 관계들을 세부적으로 분석한 도표인데, 안보측면에서 복합체 및 하부삼각체, 그리고 한반도에 어떠한 영향을 미치는지를 보여주고 있다. 먼저 3개의 동맹관계는 동북아안보복합체의 하부구조를 형성하는 핵심구조로서 6.25 전쟁을 계기로 형성된 것임을 알 수 있다. 일본은 패전국으로서 미국의 조치에 의해 군이 와해된 상태지만 병참기지의 역할을 통하여 재건이 가능했다. 복합체의 동맹관계는 한반도를 접점으로 민주진영과 공산진영으로 대칭적 관계를 형성하고 있다.

한미동맹은 한반도에서의 전쟁 억지 세력으로 작용하고 있으며, 미일동맹은 중러의 세력 확대와 밀착을 견제하고 있다. 그동안 미국은 한국과 일본의 안보전략에 필요한 첨단 군사력의 건설을 지원해 왔으며, 강력한 연합전력을 형성하고 있다. 한미동맹은 북한의 핵무장 및 미사일 위협에

〈표 V-2〉 동북아안보복합체 국가간 관계와 안보 영향요인

구분	해당 관계	안보 영향요인
동맹관계	한미	- 한반도에서의 전쟁 억지력 - 지역안정 유지 ↔ 북중 동맹과 대치
	미일	- 일본의 보통국가화 지원 - 중러의 밀착 유발
	북중	- 북한의 후견인 역할 - 한반도 비핵화 진로에 부정적
보통관계	한일	- 잠재적 대립관계 상존, 한미일 동맹의 한계 - 남북한 등거리정책으로 한반도 불안정 일조
	한중	- 불안정한 관계 지속, 강압적 태도 표출 - 미중 무역전쟁 등 갈등 파급영향 지속
	한러	- 미국과의 갈등으로 동북아 불안정 초래 - 남북한 등거리 정책으로 비핵화 악영향
	일중	- 잠재적 적국으로 복합체 불안정 원인 - 두 개 삼각체의 대립관계 형성 기여
	일러	- 영토분쟁으로 갈등 지속 - 중러 ↔ 미일 관계 형성 심화
적대	남북	- 적대관계 및 충돌 지속으로 안보 불안 초래 - 복합체내 갈등 진원지
	북미	- 적대적 관계 표출, 비핵화 압박 - 북한의 문제 심화 및 확전 전략 상시 구사
	북일	- 대일 접근 ↔ 북핵 활용 등 접근법 차이 심화 - 등거리정책으로 안보의 불안정성 증대
경쟁관계	미중	- 복합체의 안보 불안 증대 요인 - 한반도 안보환경 악화 가능성 상존
	미러	- 복합체의 불균형성 및 안보불안 촉진 - 냉전기 핵 경쟁 재현 우려
밀착관계	북러	- 북한의 군사력 강화 재현 우려 - 중러 등거리정책으로 북방삼각체 불안정
	중러	- 미국 견제 목적 과도한 밀착 경향 - 상호 견제 속 불안정한 관계 지속

대한 억지력으로 작용하고 있으며, 앞으로 전개될 통일에 있어서도 중요한 역할을 할 것이다.

한편, 미일동맹은 일본의 보통국가화가 진행되는 데 있어서 순기능적 역할을 했지만 한국, 중국, 여타 아시아 국가들의 입장에서는 제국주의의 재현을 우려하는 시선이 많다. 미국이 일본의 보통국가화를 위한 지원의 과정에서 긍정적 역할, 이를테면 일본의 군사력 증강으로 지역내 군사적 긴장이 촉발되고, 영향력 증대 행위에 의한 국가간의 심각한 대립을 조정하거나 통제할지의 여부 등이 지역의 앞날을 결정할 것이다.

북중동맹은 한미동맹과 같이 민주진영의 확장을 억제하는 저지선의 역할을 하는 것으로 판단된다. 중국은 일대일로를 전개하면서 육로와 해로를 통하여 아시아를 거쳐 유럽권으로 국력을 투사하고자 한다. 이를 위하여 중국의 투사력에 영향을 미치는 미국의 개입을 저지하고자 하는데 동북아지역에서의 차단선이 한반도다. 북중동맹은 이러한 중국의 이해와 맞아 떨어지는데, 동맹인 북한의 생존권을 지켜주는 목적도 달성할 수 있다. 작금의 상황을 보면 미국이 무역전쟁을 통하여 중국을 압박하고 있는데, 중국이 북중동맹의 전략적 중요성을 고려하여 그 틀을 쉽게 깨지는 않을 것으로 분석된다.

둘째, 복합체내에 구축된 5개의 보통관계는 전반적으로 복합체의 불안정성을 증대시키고 있다. 이러한 불안정성은 각각의 관계가 잠재적 적대관계와 전략적 이해관계를 동시에 내포하고 있기 때문이다. 한일관계는 한미일동맹의 구조하에서 북한의 핵무장과 군사적 도발, 중국과 러시아의 세력 확장에 공동으로 대응하고는 있지만 적대관계가 잠재되어 있다. 일본은 남북한 등거리정책을 구사하고 있어 한국의 신뢰를 받지 못하는 상태인데, 한반도 정책에서도 현상유지를 선호하는 것으로 분석된다.

한일관계의 불안정성은 한미일동맹의 진전에도 부정적 영향을 초래할 것이다. 한중관계는 중국의 한국에 대한 강압적 태도에 기인한다. 중국은 사드문제시 한국의 정책 변화를 강력하게 압박한 적이 있고 보복을 지속하였는데 이러한 행위는 양국관계는 물론이며, 신형대국관계를 거론하며 강대국임을 자처하는 중국의 이미지에도 좋지 않다. 중국은 북방삼각체의 실질적인 리더로서 한미동맹을 지나치게 의식하여 소련과 같이 스스로 고립을 자초할 수 있으므로 힘을 바탕으로 이웃국가를 강압하려는 행위를 자제해야 할 것이다.

한러관계도 동맹의 대립에 영향을 받고 있어서 발전이 더딘 관계로 남아있다. 러시아가 전개하는 한반도 등거리 정책도 양국의 간격을 좁히는데 대한 장애물이 되고 있다. 일중관계도 한일관계와 유사한 바, 잠재적 적국으로 서로를 인식하고 있으며, 미일동맹에 대한 중국의 거부감이 작용하고 있는 상태다.

일러관계도 영토분쟁으로 쉽게 발전되지 않고 있다. 복합체내의 보통관계는 냉전시기에 비하면 진전이 되었다고 할 수 있으나 남방 및 북방삼각체의 구조적 영향과 해당국가간의 역사적 문제와 영토분쟁, 그리고 군비경쟁 등 잠재적 적대인식이 자리 잡고 있어서 긍정적 혹은 부정적 방향으로 갈지 모르는 과도기에 놓여 있다고 할 수 있다.

셋째, 북한이 진원지인 3개의 적대관계는 복합체내에 심각한 안보불안을 초래하고 있다. 2차 세계대전 이후 빈번하게 산견되어 온 강대국간의 대리전쟁은 주로 분쟁지역에서 발생했다. 한반도는 이미 일제와 연합국간의 격전지 한가운데에 있었으며, 6.25전쟁으로 폐허를 경험한 곳이다. 남북한의 적대적 관계는 오랜 기간의 군사대결을 발생시켜 왔다. 북미 및 북일 적대관계는 동북아지역내의 군사적 대립을 유발할 가능성이 있어서 이를 통제하는 장치가 필요한데 아직까지도 동북아지역에는 안전장치가 부재한 상태다.

따라서 3개의 적대관계 해소는 동북아지역의 안정과 평화를 위한 첫 번째 단계가 될 것이다. 그러나 북한의 핵무장으로 인하여 적대관계 해소를 위한 절차나 시간이 급격하게 증대된 상태로서 그 해결의 과정도 요원하다.

넷째, 2개의 경쟁관계는 복합체의 안보불안을 확대 및 심화시키는 요인이 되고 있다. 중국은 G2국가로서 국제적 기여를 하는 것이 당연하나 오히려 이를 국익 확보의 기회로 여기고 공세적인 대외정책을 전개하고 있다. 이러한 중국의 기세를 억누르고자 하는 미국은 중국의 약점을 파고들어 무역전쟁을 일으키고 있다. 강대국들이 보이는 자국 우선주의 정책이 동북아에서 심화되어 복합체에 부정적인 영향을 미치고 있다. 미러관계도 냉전시기의 모습을 닮은 것처럼 전개되고 있다. 미국을 견제하기 위해 소련이 중국과 손을 잡은 것처럼 러시아가 중국에 의존하고 있다. 미국을 비롯한 서방이 러시아에 대한 경제제재를 강화할수록 중러의 브로맨스 관계는 더욱 강화될 전망이며, 동북아안보복합체내의 경쟁 기류는 더욱 심화될 전망이다.

마지막으로 북러 및 중러의 밀착관계는 북방삼각체의 견고함을 높여줄 것으로 판단된다. 밀착관계가 향후 동맹관계로 발전할지 아니면 현재의 상태를 유지할지를 지켜봐야 하겠지만 미국의 중러에 대한 압박이 거세지거나 미일동맹이 강화되고 일본의 군사대국화가 빠르게 진척될 겨우 밀착관계는 동맹의 수준으로 격상될 것이다. 이러한 상황은 복합체의 상태를 더욱 불안정하게 만들 것이며, 진영간 패권대립으로 비화될 수도 있을 것이다.

이상에서 살펴본 바와 같이 복합체내에 형성된 관계들은 서두에서 전제한 불안정성과 변화 가능성, 대립상태 심화, 한반도 및 지역안보에 영향 초래, 지렛대 부족의 현상들을 고루 내포하고 있다. 따라서 이러한 구조적 문제를 해결하지 못하는 한 복합체의 진로가 희망적이지 않으며, 한반도에 미치는 영향을 해소하는 것도 쉽지 않을 전망이다.

나. 남방삼각체의 SWOT 분석과 안보 영향요인

남방 및 북방삼각체의 SWOT 분석은 앞서 언급한 바와 같이 각각의 삼각체의 강약점과 진화 가능성, 삼각체의 영향력 투사정도, 그리고 종합적인 시각의 안보영향요인을 살펴보는 데 목적이 있다. SWOT 분석은 Albert Humprey가 주도한 하버드연구센터(현재는 SRI International)에서 1960년대 및 1970년대에 약 500개의 기업정보를 분석하여 이상적인 전략을 수립하기 위한 방법론으로 활용되고 있다.[108]

SWOT 분석(또는 SWOT Matrix)은 보통 기업, 기관, 혹은 국가 등 대상의 내적 및 외적 요인을 분석하여 문제점을 식별하고 이에 대한 대책을 수립하는 일종의 목적 지향적 방법론이라고 할 수 있는데, 본 연구에서는 구성국가를 통합하는 구조에 대해서 분석하므로 다소간의 차이가 존재한다. 따라서 두드러진 특징을 식별하여 내적 요인(internal factors)인 강점(strength)과 약점(weakness)을 진단하고, 동시에 외적요인(external factors)인 기회(opportunity)와 위협(threat)요소를 도출할 예정이다.

먼저, 남방삼각체는 '〈표 V-3〉 남방삼각체 SWOT 분석' 에서 보는 바와 같이 강약점과 기회 및 위협을 내포하고 있다. 강점에서는 남방삼각체의 정치 및 경제체제가 동일하고 지향점이 같다는 점이다. 미국, 일본, 한국은 자유주의 체제의 요체인 국민의 기본권을 유지하기 위한 법체계와 사회의 다각적인 동인을 가지고 있다. 그 중에서도 한국은 군사정권의 위기

108) Albert Humprey, "SWOT Analysis for Management consulting," SRI Alumni News Letter, Sri International, December. 2005.

〈표 V-3〉 남방삼각체 SWOT 분석

강점(Strength)	약점(Weakness)
- 정치 및 경제체제와 지향점 동일 - 미국 중심의 체제, 응집력 발휘 - 북핵문제 해결 공동 대응 - 강력한 경제력 및 군사적 억지력	- 미국 우선주의로 갈등 상존 - 한일 간 신뢰 부족 및 쟁점 산재 - 짧은 동맹역사, 미일-한미 동맹 경합 - 미중 패권 경쟁의 영향권
기회(Opportunity)	**위협(Threat)**
- 한미일 동맹의 경제적 발전 - 북중러의 변화와 관계 개선 - 북핵 문제 등 핵심쟁점 해결 - 패권 추구 자제 및 군축 노력 재개	- 북중러 간의 군사적 결속 심화 - 북핵 문제의 해결 불가로 갈등 촉발 - 패권경쟁의 악화 및 파급 영향 확산 - 한미일 동맹의 균열 및 분열

를 극복하고 민주주의 국가가 가질 수 있는 직접, 간접 참여, 그리고 숙의 민주주의를 갖추면서 정상적인 민주국가의 대열에 참여하고 있다. 또한 경제체제에서도 자유로운 경쟁시스템이 정착되고, 국제적 경쟁관계 속에서 경제적 발전을 도모하고 있으며, 국민의 삶의 질을 향상시키기 위한 노력을 경주하고 있다.

두 번째, 강점은 리더가 1개국으로서 리더십이 흔들리거나 위협받지 않는다는 점이다. 이러한 리더십을 바탕으로 남방삼각체 안에서는 하부구조적인 심각한 갈등이 별무한 상태이며, 공동의 문제에 대응할 때 효과적으로 응집력을 발휘하고 있다.

셋째, 남방삼각체 국가들은 북핵문제와 비핵화를 향한 핵심적 안보문제에서 공동으로 대응하고 있다. 이러한 대응은 북한의 전략적 모색을 어렵게 만들며, 비핵화라는 장기적인 목표를 달성하는 동력이 될 수 있다. 이밖에도 한미일은 북방삼각체의 군사적 위협에도 어느 정도 유사한 입장을 취하고 있으며, 정례적인 훈련을 통하여 대응능력을 향상시키고 있다. 또한 남방삼각체는 국제적 평화의지와 공감대를 형성하고 있으며,

세계 각 지역의 경제권과도 원활한 교류를 하고 있어서 북방삼각체에 비하여 잠재적 역량이 월등하다고 할 수 있다.

남방삼각체의 약점은 첫째, 미국 우선주의로 인한 갈등이 상존한다는 점이다. 미국은 안보측면에서 공조를 하고 있지만 경제적 측면에서 한국 및 일본과의 무역역조에 대해서 민감한 상태다. 현재까지는 3국이 대화라는 틀 안에서 문제를 잘 해결하고는 있지만 미국의 경제적 압력은 근본적인 해결이 없을 경우 언제든지 돌출될 소지가 많다.

둘째, 남방삼각체의 한 축인 한일관계가 불안정하다. 한일관계는 그 역사적 과정에 의하여 이해관계가 상충되고 양국 국민의 정서 또한 괴리가 큰 상태다. 한국은 중국을 비롯한 여타 일제 피해국들처럼 일본이 북한상황을 이용하고 미국의 지원을 받아 보통국가를 추진하는 저의를 의심하고 있다. 한일간의 불신은 쉽게 해결되지 않을 것이며 남방삼각체의 불안정한 요소로서 상수가 될 것이다.

셋째, 남방삼각체의 동맹은 6.25전쟁과 중러를 견제하기 위한 전략적 목적으로 형성되었지만 아직 한미일 차원의 충분한 논의나 지향점이 불분명하다. 한미일 동맹이 나아가 지역안보협력기구의 초석을 다지는 것인지 단순히 지역안정과 군사적 견제수단에 머물 것인지 모호하다. 또한 미일동맹과 한일동맹은 제각각으로 작동하고 있다. 미일동맹은 2차 세계대전의 전승국과 패전국의 조합에서 동맹으로 발전한 단계이며, 한미동맹은 6.25전쟁을 모태로 발전한 관계다. 미국은 미일동맹과 한미동맹을 하나로 묶지 않고 있어서 양 동맹이 서로 경합하는 듯한 모습을 표출하고 있다.

마지막으로 남방삼각체는 리더십을 가지고 있는 미국과 중국의 패권경쟁으로 인하여 핵심적인 쟁점을 해결하는 데 어려움을 겪고 있다. 대표적인 것이 북한의 비핵화 문제인데, 서로 주도권을 가지려는 양국의 태도와 이를 이용하는 북한의 태도가 복합적으로 작용하고 있다.

남방삼각체의 기회요인은 무엇인가?

첫째, 남방삼각체는 막강한 경제력을 바탕으로 결집되어 있다. 이는 북방삼각체 국가들과의 경쟁우위를 가능하게 하였는 바, 시간이 갈수록 남방삼각체가 북방삼각체를 압도하는 요인으로 작용하게 될 것이다. 작금의 상황은 무한경쟁의 시대로서 4차산업혁명의 여파가 거세게 몰아치고 있어서 어떤 국가도 안심할 수 없는 상황이다. 경쟁우위에 있는 남방삼각체는 이러한 환경을 극복하고 북방삼각체와의 차이를 벌리는 데 훨씬 유리하다.

둘째, 북방삼각체 국가들은 4차산업혁명시대와 무한경쟁의 시대에 체질 개선이 불가피하다. SNS는 국가 통제의 효과를 반감시킬 수 없어 강압적인 통치를 하는 국가들에게 매우 불리하게 작용할 것이다. 남방삼각체 국가들은 내실을 기하며 북방삼각체 국가들의 변화를 유도하고 지역 및 체제의 평화를 추구한다면 현재보다는 진전된 안보환경을 조성할 수 있을 것이다.

셋째, 북핵문제는 당사국인 북한과 한국, 그리고 주변국의 긴밀한 협력과 신뢰를 바탕으로 해결이 가능하다. 역설적이지만 북핵문제는 관련국들이 모두 한 테이블에 앉을 수 있는 동기를 부여해 주고 있으며, 6자회담을 비롯하여 작동이 가능한 메커니즘을 창출할 여지가 될 수도 있다.

마지막으로 강대국들의 패권추구를 자제하고, 정체되었던 핵 군축 노력을 재개한다면 동북아는 물론 체제의 안정에 크게 기여할 것이다. 지금 동북아는 신냉전이라는 오명의 진원지가 되고 있다. 세계 곳곳에서 분쟁이 끊이지 않고 있어서 언제 결정적인 문제가 발생하여 국제적 분쟁으로 비화될지 알 수가 없는 상태이므로 이를 예방하기 위해서는 강대국들이 자국우선주의를 버리고 공존을 모색하는 것이 필요하다.

그러나 이러한 기회를 살리지 못할 경우 남방삼각체는 다음으로 언급하는 위협에 효과적으로 대처하지 못할 것이다.

첫째, 북중러 3국은 활발한 무기거래를 하는 단계수준의 협력을 하고 있다. 이들 국가가 동맹수준의 군사훈련을 실시하는 등 군사적 결속을 할 가능성에 주목해야 한다. 북방삼각체 국가는 그 성향이 공격적이고 모험적이다. 특히 전쟁에 필요한 식량, 탄약, 유류가 부족한 북한에게는 중러의 지원에 전쟁대비태세가 월등히 높아질 것이다.

둘째, 북핵문제를 효과적으로 처리하지 못할 경우 한반도, 동북아, 나아가 체제차원의 핵확산 위기에 처하게 되거나 미국 및 서방의 군사적 행동 가능성이 제기될 것이다. 이는 급격한 안보불안정 상태를 촉발하고, 분쟁 수준의 갈등을 야기할 수 있다.

셋째, 패권경쟁의 심화가 우려되는 바, 이는 동북아안보복합체의 불안정과 삼각체간의 대립을 더욱 악화시킬 것이다.

마지막으로 한미일 동맹의 균열이나 분열인데, 남방삼각체의 응집력과 대응력의 저하로 이어질 것이다. 특히 미일동맹이 한미동맹보다 우선하거나 한미동맹이 미일동맹에 종속되는 상황은 한미일 동맹이 기형적으로 변하는 중요 원인이 될 수 있다.

다. 북방삼각체의 SWOT 분석과 안보 영향요인

북방삼각체의 SWOT 분석도 남방삼각체의 분석방법과 동일하게 실시할 것인 바, 강점과 약점, 기회 및 위협을 삼각체라는 관점에서 분석하고자 한다. 각각의 삼각체는 2장에서 언급한 바와 같이 그 특징에서 큰 차이점을 보이고 있으며, 차이점은 다음과 같다.

• 자본주의체제와 민주주의 성숙 ↔ 중앙집권적 통제체제
• 자본주의 진영의 공존 공유 ↔ 사회주의 동맹권
• 북핵문제 해결 적극적 ↔ 해결 필요성 공감하나 미온적 태도 견지
• 국민정서 · 문화공유 · 밀착도 유지 ↔ 강한 혈맹 역사 경험
• 경제적 풍요 및 성장 기반 구축 ↔ 중국 의존도 심화
• 단기간의 동맹 역사 ↔ 소련의 위성국으로의 진입 · 이탈 경험
• 미국 중심의 동맹 유지 ↔ 중러의 불안정한 동거
• 사회적 안정 · 지속적 발전 가능성 ↔ 내부 불안정성 상존 · 변화 가능성
• 강력한 군사적 억제력 ↔ 군사적 모험주의 공유

이러한 차이점은 SWOT 분석에서도 상당한 차이를 만들어내고 있다. 북방삼각체의 강점은, 첫째, 오랜 기간의 사회주의 체제를 경험하고 미국과 같은 공동의 적을 공유하고 있다는 점이다. 북방삼각체 국가들은 사회주의라는 이념적 토대를 기반으로 발전해 온 바, 자유민주주의와 자본

〈표 V-4〉 북방삼각체 SWOT 분석

강점(Strength)	약점(Weakness)
- 사회주의 경험과 공동의 적 공유 - 강력한 군사력 보유 및 기술 공유 - 중러의 동맹 강화 및 경제교류 확대 - 국가 발전에 대한 의지 강력	- 중러의 리더십 경쟁 가능성 상존 - 북핵 등 국제문제 개입, 유연성 저하 - 북러의 대중 경제의존도 심화 - 국가의 개입 정도 심각
기회(Opportunity)	**위협(Threat)**
- 북중러와 한미일 동맹의 관계 개선 - 북중러 정치 및 경제체제의 개선 - 미중 간 패권경쟁 해결 및 관계 증진 - 영토문제 등 핵심 쟁점 해결	- 중러의 브로맨스 약화 및 균열 - 미국의 패권 및 무역 압박 증대 - 북중러 경협 균열 및 중국 경제 위기 - 북핵문제의 중심 쟁점 부상

주의 체제에 대한 적대감과 이질감이 상당하다고 할 수 있다. 물론 북방삼각체 3국은 이데올로기 측면에서 각각 다른 길을 걷고 있어 동질감은 약화되었지만 그 뿌리가 같다는 점에서 결집력이 존재한다. 또한 미국이라는 공동의 적은 3개국의 핵심이익인 생존과 직결되므로 다른 여타의 갈등을 상쇄하고 극복할 수 있게 할 것이다.

둘째, 북방삼각체 국가들은 막강한 군사력을 보유하고 있으며, 그 무기체계들도 연동성이 있다. 현재에도 중국과 북한이 러시아의 무기를 받아들이고 있는 상태로서 언제라도 기술교환이나 협력이 가능하다. 특히 북한은 한미연합전력과의 격차를 극복하기 위해서 중러의 무기를 필요로 하며, 실제로 공급이 이루어질 경우 한반도의 군사적 긴장을 악화시킬 수 있으며, 군비경쟁의 경쟁장이 될 가능성이 있다.

셋째, 중러의 동맹 강화 및 경제교류 확대다. 중국과 러시아의 국력은 상승국면에 있다. 양국가는 잠재적 경쟁 상대이지만 동맹 수준의 협력이 이루어질 경우 강력한 세력을 구축할 수 있다. 중국이 G2에서 G1을 노리고 있으며, 러시아의 군사력을 언제든 미국과 대적할 수 있다. 군사적 동맹뿐만 아니라 경제적 블록을 형성하더라도 동북아에서의 영향력은 크게 향상될 것이다.

마지막으로 북방삼각체 국가는 국가의 자존심 회복을 위해 애쓰는 중이다. 중국이 중국몽을 내건 것은 경제력을 바탕으로 19세기 이후 심하게 훼손되었던 중국의 국격을 회복하기 위함이다. 러시아도 강한 이미지의 푸틴이 장기 집권할 수 있던 것도 러시아 국민이 강한 러시아, 그리고 옛 소련의 영화를 기대하기 때문이다. 북한도 불량국가의 이미지를 탈피하고 경제적 발전의 토대를 구축하기 위하여 핵을 담보로 미국과 담판을 벌이고 있다. 이들 국가들의 열망은 북방삼각체의 잠재력을 높이는 강점이 될 전망이다.

북방삼각체의 약점은 첫째, 중국과 러시아의 리더십 경쟁 가능성이다. 양국이 비록 미국에 대응하기 위하여 밀착관계를 유지하고 있지만 냉전시기 공산진영을 이끌던 전력을 가지고 있다. 중국이 지금처럼 경제력을 바탕으로 러시아에 진출하는 것은 러시아의 경제적 필요성과 맞아 떨어졌기 때문인데 이러한 밀월관계는 러시아의 자존심이 허락하는 범위내에서 작동할 것이다.

둘째, 중국과 러시아가 북핵문제 제재 등에서 혹은 여타 분쟁지역에서의 접근법을 가지고 미국 및 서방과 실랑이를 벌이는 모습이 자주 산견되는데, 양국의 이러한 태도는 스스로의 유연성을 반감하게 될 것이다. 양국의 이러한 태도는 패권경쟁 혹은 진영간 대립을 촉발하는 행위로 비춰질 수 있으며, 체제 및 지역의 불안정을 초래할 수 있다.

셋째, 중국에 대한 북한과 러시아의 경제적 의존도가 높아지는 것은 바람직하지 않다. 이와 같은 현상은 남방 및 북방삼각체의 간극을 멀게 하고 외교 및 군사관계에도 영향을 미칠 수 있다. 특히 북한의 대중 경제 종속현상은 북핵문제 등에 있어서 중국의 개입 가능성을 높일 수 있으며, 중국이 이를 전략적으로 이용할 개연성이 있어서 우려가 된다.

마지막으로 북방삼각체 국가들은 정치 · 경제 · 사회 등 모든 분야에서 중앙집권적 행태를 보이고 있으며, 사회통제가 강력하다. 이와 같은 내부적 상태는 해당 국민들의 불만을 심화시키며 장기적으로 국가의 내구성을 약화시킬 수 있다. 특히 중국과 북한은 인권문제에서 국제적 주목을 받고 있는 상태로서 인권문제가 국제사회와의 마찰요인으로 작용하고 있다.

기회요인에서는 첫째, 남방 및 북방삼각체 국가간의 관계 개선 가능성이다. 북한을 제외한 동북아시아의 5개국은 경제적 측면에서 활발한 교류를 하고 있다. 북핵문제 등의 해결에 진전이 있을 경우 세계의 허브역할을 하기에 충분한 경제 규모를 보유하고 있는 지역이다.

둘째, 북방삼각체 국가의 체제 개선은 해당 국가의 이미지 개선과 함께 발전적인 미래를 보장할 것이다. 물론 체제 개선으로 인하여 사회주의 체제의 붕괴로 이어지거나 국가적 혼란을 수반할지 알 수 없지만 현재와 같은 체제로는 국가발전에 한계가 있을 것이다.

셋째, 미국과 중국간의 무역전쟁 혹은 패권 추구가 없어지고 양국이 협력한다면 동북아와 체제에 상당한 안정감을 줄 것이며, 아시아지역의 부흥을 다시 일으킬 것이다.

마지막으로 일본과 중국 및 러시아가 해결하지 못하는 영토분쟁도 국가간의 관계를 증진시키는 기회가 될 것으로 판단된다. 영토분쟁이 장기화될수록 남방 및 북방삼각체의 근접은 더욱 어려워질 전망이다.

북방삼각체의 위협요인은 무엇인가?

첫째, 북방삼각체의 응집력과 구조를 깨뜨릴 수 있는 요인이 중국과 러시아의 분열이다. 미국 및 서방의 입장에서는 중러의 밀착이 상당한 위협으로 작용하므로 지속적인 와해 노력이 전개될 가능성이 있다. 중국의 군사적 활용과 러시아의 국가재정을 위한 무기수출 등은 언제든 붕괴될 수 있는 거래이며, 중국의 러시아 진출도 위협으로 평가될 가능성이 있다. 또한 북핵문제 등에서의 공조도 실익을 두고 균열을 일으킬 수도 있다.

둘째, 현재 진행되고 있는 미국의 대중러 압박이 더욱 강화되는 상황이다. 미국이 중국의 삼각체내의 영향력을 줄이고, 중러간의 연결고리를 줄이며 차별적인 정책을 전개할 경우 북방삼각체는 큰 위기에 봉착할 것이다.

셋째, 중국이 경제력을 지렛대로 사용하려고 러시아와 북한에 경제카드를 사용할 경우 북방삼각체의 균열은 불가피하다. 특히 중국의 경제위기가 발생할 경우 의도치 않게 중국의 경제적 영향력은 약화되고 북방삼각체의 진로에도 영향을 미칠 것이다.

마지막으로 북핵문제가 더욱 악화되어 중국과 러시아가 어쩔 수 없이 깊숙이 개입하는 상황이다. 중국과 러시아는 다각적인 국제제재와 고립 때문에 북한에 대한 지원을 지속할지 고민해야 할 것이다. 북방삼각체에 대한 SWOT 분석결과 북방삼각체 국가들은 남방삼각체 국가들과의 협력을 강화하고 북핵문제 등에 있어서 보다 유연한 대응이 필요하며, 내부적으로도 국가의 체질 개선을 위해 노력하는 것이 긍정적인 미래를 보장할 조건으로 파악되었다.

라. 남방 · 북방삼각체간의 협력 · 충돌요인

남방 및 북방삼각체의 협력 및 충돌요인은 국가간 관계와 두 삼각체의 SWOT 분석에서 밝혀진 상호 대칭적인 기회와 위기에서 비롯된다. '〈표 V-5〉 남방 및 북방삼각체간의 협력 · 충돌요인' 은 위에서 식별한 내용을 바탕으로 도출한 협력 및 충돌요인이다.

먼저, 협력요인을 보면 주변국들과 남북한이 상호 공존의 필요성에 공감하고 패권경쟁을 자제하는 것이다. 이러한 인식은 자연스러운 협력으로 이어지고 복합체내에 존재하는 긴장완화에도 도움이 될 것이다.

둘째, 복합체내에서 군축 등 안보협력체제를 구축하는 노력은 복합체의 군사적 대결을 해결하고 구성국가 모두가 보다 발전적인 문제에 집중하는 계기를 부여할 것이다. 아직까지 동북아에서는 군축 및 안보협력기구가 부재한 상태다.

셋째, 북핵문제 해결은 그 출발점에서 과정에 이르기까지 많은 대화와 공감이 필요한 부분이다. 구성국가간 허심탄회한 대화를 통하여 핵확산의 위험성을 공감하고 북한을 설득해 나간다면 북핵문제 해결의 실마리

〈표 V-5〉 남방 및 북방삼각체 간의 협력 · 충돌요인

협력 요인	충돌 요인
- 패권 경쟁 자제 및 공존 인식 공유	- 패권 경쟁 및 군비경쟁 지속
- 군축 등 안보협력 체제 구축 노력	- 각 삼각체의 폐쇄적 및 공세적 운용
- 복합체 내의 안보기구 창설	- 쟁점 해결에 미온적 · 수동적 태도 견지
- 북핵문제 등 해결 협력	- 경제협력 소홀 및 무역전쟁 강화
- 주변국의 국가 간 쟁점 적극 중재	- 경제공동체의 성과 미비 및 상황 악화
- 복합체의 경제발전과 공동 번영	- 삼각체 내의 응집력 부족 및 균열 발생
- 경제발전 지원과 확산 정책 협력	- 특정국가의 고립 및 소외 현상 심화
- 국가 간 우호 패턴의 증대	- 국가 간 적대 인식 심화

를 찾을 수도 있으며, 나아가 다루기 어려운 안보문제에 대한 논의와 함께 국가간에 얽힌 쟁점 해결에도 진전이 있을 것이다.

넷째, 복합체내의 국가들은 경제관계에서도 경쟁관계에 있는데 한정된 시장과 자원을 두고 언제까지 치열한 경쟁을 할 수도 없으며 경쟁에서 뒤쳐진 국가들의 미래도 밝지 못할 것이다. 따라서 경제문제에 있어서 수렴 가능한 영역과 경쟁이 불가피한 영역을 설정하여 협력하는 노력을 한다면 EU와 같은 경제공동체를 지향한 방향설정도 가능할 것이다.

마지막으로 동북아 국가들은 19세기 이후 많은 적대관계를 축적해 왔는데, 갈등을 해결하는 노력은 상대적으로 미흡했다. 앞으로는 국가간 우호의 경험을 축적하는 데 노력함으로써 협력의 폭을 확대 · 심화시킬 수 있는 토대를 구축해야 할 것이다.

협력 요인과는 달리 충돌요인은 복합체뿐만 아니라 한반도 안보에도 부정적인 영향을 미치는 요인이다.

첫째, 복합체내의 패권경쟁과 군비경쟁은 갈등을 심화시키며 전쟁의 가능성을 높이는 요인이다.

둘째, 각 삼각체의 폐쇄적 혹은 적대적 관계 형성은 협력의 공간을 축

소하는 결과를 초래한다. 냉전의 유산인 진영간의 대립이 심화되는 것은 개별국가들간의 교류와 협력을 위축시킬 수 있다.

셋째, 개별 국가들의 현안문제 등 쟁점해결에 미온적이거나 수동적인 태도는 쟁점을 인한 관계악화를 의미하므로 충돌요인이라고 할 수 있다.

넷째, 최근에는 복합체내에 무역갈등, 경제적 보복 행위, 제재 등 경제협력을 저하시키는 일들이 다반사로 일어나고 있다. 경제적 문제는 부잔의 안보개념에서 논의한 바와 같이 정치, 외교, 그리고 사회문제로 비화되므로 심각한 충돌요인이라고 할 수 있다.

다섯째, 각 삼각체에서 균열이 발생하여 안정성이 훼손되는 상황도 충돌요인이 될 수 있다. 삼각체내의 긴장과 갈등은 인접한 삼각체에 영향을 미치고 각각의 국가간의 관계에 변화를 초래하기 때문이다.

여섯째, 미국 및 서방의 중국위협론에 따른 포위 전략은 냉전기 소련에 대한 포위 전략과 유사하며 북한에 대한 제재 또한 특정국가의 고립 및 소외현상을 심화시키는 원인이 된다. 이러한 전략으로 인해 북방삼각체의 응집력이 강화되는 측면도 있으나 특정국가의 공세적인 대외정책을 유발하기도 한다.

마지막으로 복합체내에서 오랜 기간 축적된 적대관계와 경험은 문제해결 과정에서 협력보다는 오해와 갈등을 초래하므로 심각한 충돌요인이라고 할 수 있다.

2. 동북아안보복합체와 한반도 안보 상관성

동북아안보복합체가 한반도의 안보에 어떠한 영향을 미치는가? 동북아안보복합체는 아직 성숙한 단계가 아니며 매우 불안정하다. 복합체가 형성되는 과정도 유럽의 그것과 상반되게 정상적이지 못했다. 아편전쟁과 강대국들간의 전쟁과 6.25전쟁 등을 치르면서 상당한 상처를 주고 받았음에도 불구하고 이를 치유하거나 제도적인 예방대책을 만들지 못했다.

아직까지 국가들간에 역사문제, 영토문제 등의 쟁점이 존재하는 것은 적대 이후의 해결 과정을 거치면서 우호의 과정으로 진행하지 못하였으며, 자발적인 노력과 강제적인 조치도 별무했다는 점이다. 한반도 안보는 이러한 복합체적 특징과 5장에서 언급한 국가간의 관계에 따른 불안정성, 두 개 삼각체의 대립구도, 그리고 다양한 충돌요인에 의해 영향을 받고 있다. 한반도 안보에 영향을 미치는 내용을 요약하면 다음과 같다.

- 복합체내 정치 · 군사 · 외교 · 사회 · 경제 · 환경 영역에서 안보 요인 존재
- 복합체내 적대－우호의 패턴과 힘의 분배 존재
- 단위국가들의 대립적 위협인식과 안보전략 충돌
- 복합체내 국가간 동맹 · 밀착 · 보통 · 경쟁 · 적대 등 15개의 관계 존재
- 두 개 삼각체의 강약점과 기회 · 위협요인 상반 및 충돌요인 다수

이러한 외부환경에 영향을 받는 작금의 한반도 안보 상황은 매우 복잡하고 심각하다 할 수 있다. 체제의 불안정성에 더하여 동북아안보복합체의 미성숙한 영향하에서 안정적으로 안보를 구축하기 위해서는 많은 노력이 요구된다.

더욱이 한반도는 복합체의 하부구조로서 남북분단의 상황 속에서 심층적인 안보위협에 노출되어 있다. '〈표 V-6〉 동북아안보복합체와 한반도 안보의 역학 관계' 는 복합체의 하부구조인 한반도 안보와의 역학관계를 남한과 북한을 대별하여 설명한 표다. 한반도 안보는 그 영향요인을

〈표 V-6〉 동북아안보복합체와 한반도 안보의 역학 관계[109]

(남한/북한, degree: -10(최악)← ·· 0(초기) ·· 5(무난) ·· →+10(최고))

<table>
<tr><th colspan="2" rowspan="2">구분</th><th colspan="2">위치/힘의 배분</th><th colspan="2">역동성</th></tr>
<tr><th>중심-경계</th><th>상호의존성</th><th>적대-우호</th><th>상호 작용</th></tr>
<tr><td colspan="2">복합체 내 내구성</td><td>+7/+2</td><td>+6/-5</td><td>+6/-3</td><td>+3/-3</td></tr>
<tr><td colspan="2">국제적 위상</td><td>+7/+1</td><td>+6/-3</td><td>+7/-10</td><td>+6/-3</td></tr>
<tr><td rowspan="5">현안 문제</td><td>분단구조 해결</td><td rowspan="5">+5~+7/
+5~+7/</td><td rowspan="5">-5~+5
-5~+3</td><td rowspan="5">+3~+7/
+3~+7/</td><td rowspan="5">-3~+5
-3~+3</td></tr>
<tr><td>비핵화</td></tr>
<tr><td>무역 갈등</td></tr>
<tr><td>하부구조 갈등</td></tr>
<tr><td>단위국간 갈등</td></tr>
</table>

진단하기 위하여 복합체 내 힘의 배분상의 상대적 위치를 판단하기 위하여 얼마나 견고하거나 취약한가를 파악하였고, 역동성 측면에서는 적대 또는 우 호의 상태와 상호작용의 실태를 적용하였다.

표에서 보는 바와 같이 척도는 스펙트럼 상에서 최악(-10)과 최고(+10)를 양 극단으로 정하여 주관적인 수치를 부여하였다.

먼저, 복합체의 내구성에 있어서 남한은 +7로서 비교적 견고한 위치에 자리 잡고 있으나 북한은 +2로서 취약한 상태다.

둘째, 역동성에 있어서 남한은 +6으로서 복합체내에서 우호적인 위치에 있어서 관계 증진의 동력을 가지고 있는 반면에 북한은 적대적이고 폐쇄적인 위치에 있다.

셋째, 국제적 위상은 그 위치 및 상호의존성에 있어서 각각 +7과 +6으로 평가하여 위상이 높은 상태지만 북한은 변두리에 머물고 있고, 단위국가들과의 관계에 있어서도 북방삼각체에 치우치고 있어서 +1과 -3을

109) 박영택, 김재환, 위의 글, p. 84; 역학관계를 서술적인 기술에서 정도를 표현하기 위하여 수치화하였다.

부여하였다.

마지막으로 분단구조 해결, 비핵화, 무역 갈등, 하부구조 갈등, 단위국가간 갈등의 현안문제에 있어서도 남한은 중심적인 역할을 수행하는 반면에 그 위상이 미미하거나 소극적인 위치에 있음을 알 수 있다.

결론적으로 동북아지역복합체는 한반도 안보에 매우 밀접한 영향을 미치고 있는 바, 안보 요인이 정치 · 군사 · 외교 · 사회 · 경제 · 환경 영역으로 중첩되어 있으며, 적대-우호의 패턴과 힘의 분배 문제가 쉽게 해결되지 않고 있고, 단위국가들의 대립적 위협인식과 안보전략이 충돌하여 항시 불안한 상태임을 알 수 있다.

복합체내의 국가들간의 관계도 동맹 · 밀착 · 보통 · 경쟁 · 적대 등 각기 다양한 형태를 맺고 있어서 그 방향성이 모호하고 불안정한 상태이며, 두 개의 삼각체는 협력보다는 충돌요인을 다수 내포하여 안보불안을 표출하고 있다. 동시에 한반도의 남북한은 이러한 복합체 환경하에서 다른 형태의 역학관계를 맺고 있어서 구조적인 대립상태를 만들고 있다. 복합체라는 관점에서 파악한 한반도 안보는 매우 불안정하고 다층적이며 복합적이다.

3. 안보 대책

우리는 복합체 내의 안보위협에 어떻게 대비해야 하는가? 한반도 안보는 2, 3, 4, 5장에서 분석한 바와 같이 전 세계적으로 하나의 패러다임이 되고 있는 안보개념의 확장, 동북아복합안보체에서 보여준 적대—우호의 축적, 단위국가간 서로 다른 위협의 상충, 남방 및 북방삼각체의 대립적 상황, 그리고 남북한간의 심각한 차이와 외부 구조와의 메커니즘 작동의 간격 심화 등 매우 다층적이고 복합적인 상황에 영향을 받고 있음을 확인한 바 있다.

'〈표 V-7〉 복합체 내 안보위협 요인별 대비 방향'은 위에서 언급한 6개 안보 원인별로 그 대비방향을 요약한 내용이다. 그러나 개념적으로 대비 방향을 언급하기는 했으나 우리의 자체적인 노력만으로 해결되지 못하는 문제가 다수 존재하는 것처럼 안보는 그 형태가 복합적이기 때문에 관련국들간의 문제에 대한 공동의 인식과 긴밀한 협조를 필요로 한다.

〈표 V-7〉 복합체 내 안보위협 요인별 대비 방향

구분	대비 방향
안보 개념의 확장	- 복합적 안보의 상황별 대비 - 4차산업혁명시대 새로운 안보 위협에 유의 - 총체적 안보 개념의 국민적 공유 - 자원의 확충과 효과적 배분
복합체내 적대－우호 관계 심화	- 미치유 적대관계 원인 분석 및 해결 - 정부-민간 시스템 구축, 통합적 노력 전개 - 적대 유발 문제의 신중한 대처
단위 국가간 위협인식 상충	- 국가간 위협의 원인 분석 및 대처 - 상호 위협인식 문제 간극 해결 노력 - 잠재적 위협인식 공유 및 대화 전재
단위국가간 관계 불균형	- 적대 및 경쟁관계 해소 노력 - 관계진전의 장애 해소 주력 - 동맹간 대립 관계 및 동맹내 불균형 해소
남방 · 북방삼각체간의 대립	- 삼각체 형성 문제 근원적 해소 주력 - 한반도 문제 해결 계기 대립 진원지 해결 - 상호 위협에 대한 인식 변화 노력
복합체내 남북한 역학관계 불균형	- 북한의 고립 및 소외 해소 - 북한의 복합체내 역할 증대 기회 부여 - 남북문제에 대한 관련국의 협력 증대

첫째, 안보개념의 확장 문제는 기본적으로 이러한 변화를 인식하여 기존의 전통적인 안보개념에서 벗어나는 것이 전제되어야 한다. 이제는 국가의 특정분야 전문가 혹은 군만의 대응으로는 복합적 안보상황에 효과적으로 대비하기 힘들다. 따라서 총체적인 안보개념에 맞추어 모든 요소의 자원이 동원되고 국가는 이를 효과적으로 융합하고 통제하기 위한 컨트롤타워를 효과적으로 운용해야 할 것이다.

안보개념이 확장된다는 수많은 안보위기 상황이 발생되는 것을 의미하므로 가능한 한 상황을 가정한 후 위협을 식별하여 이를 효과적으로 관리하고 대처하는 매뉴얼을 준비해야 한다. 모든 매뉴얼은 현장의 전문가들이 공감하는 상황을 전제로 만들어져야 하며 탁상공론식으로 제작되어서는 안 될 것이다. 또한 4차산업혁명의 시대는 위협의 주체들이 지금보다 훨씬 첨단장비로 무장하는 것을 말한다. AI, 로봇, 양자컴퓨터, 무인시스템 등 4차산업혁명에 등장하는 매개체는 경쟁적인 모습을 보이고 있다. 이러한 첨단의 기술들이 부정적 목적의 무기나 파괴 혹은 이익수단으로 활용될 경우 막기가 매우 힘들어진다. 안보전문가들은 이러한 위협의 실체를 발 빠르게 알리고 국가는 이에 대비하기 위한 노력을 기울여야 한다.

다음은 국민들이 이를 인식하고 각자의 역할에 충실하여야 한다. SNS가 대세인 작금의 시대에는 작은 사건이라도 모든 국민에게 전파되어 순식간에 국민들이 공포심을 갖거나 혼란스럽게 되는 경우가 많다. 반복되는 문제의 경우 국민들이 어느 정도 적응이 되어 견뎌내기도 하지만 국민들은 심리적으로 취약하다고 할 수 있다.

따라서 총체적 안보개념에 대한 이해를 공유하고, 국가와 각 기관의 책무를 널리 알리고, 필요시 매뉴얼을 숙지시키는 노력이 필요하다. 그동안 우리는 북한의 위협을 전제로 한 안보에 자원을 집중해 왔는데, 복합적 안보에 대한 자원을 확충하는 것이 필요하다. 자원을 확충하고 효과적으로 배분하는 것은 쉽지 않지만 우선순위를 두어 자원의 효율성을 극대화시킬 필요가 있다.

둘째, 복합체내에서 오랜 기간 축적된 적대 및 우호의 패턴을 효과적으로 관리해야 한다. 그동안 우리는 주변 국가와의 관계를 외교라는 틀 안에서만 접근하고 관리해 왔는데, 그 중요성을 감안하여 국가적 혹은 국민적 차원에서 관리해야 한다. 각각의 국가들도 외교정책을 전개할 때 상대방 국가에 부정적인 영향을 최소화하도록 노력하는 것이 요구된다. 3, 4장에서 살펴본 바와 같이 국가간의 관계는 오랜 역사와 외교의 잘잘못에 의해 형성되며, 국가의 위협인식과 직결되는 것을 확인한 바 있다. 역사 및 영토문제 등 현존하는 쟁점에 대하여 우리의 정책 실패나 국민적 오해가 없었는지 먼저 살피는 노력을 전개하면서 상대방을 설득해 나간다면 서로의 입장을 이해하는 접점을 마련할 수 있을 것이다.

이러한 노력은 국민의 지원이 필요하다. 정치인들이 긍정적인 방향을 위해 애쓰고 정치적으로 이용하지 않아야 하며, 정부도 안보라는 측면에서 적대관계가 심화되는 것이 바람직하지 않음을 인식해야 한다. 최근에는 국가간 관계가 작은 일에서부터 악화되는 경우가 비일비재하므로 국민들간에 적대감을 유발하는 사건에 대해서는 보다 신중하게 대처하여 오히려 관계가 개선되는 계기로 삼아야 한다.

셋째, 단위국가간 위협인식 상충문제에 대하여 장기적인 노력을 기울여야 한다. 전술한 것처럼 한 국가의 위협인식은 경험에 기반하여 구축된다. 특히 지리적 근접성에 의해 발생한 안보 딜레마는 쉽게 해결되지 않는다. 우리 한국이 만약에 오세아니아나 유럽에 위치해 있었다면 주변 4국에 의한 구조적 위협을 받지 않아도 될 것이다. 따라서 현재의 위협은 숙명이라고 이해해야 한다. 이를 전제로 주변국가와 북한에서 비롯되는 위협은 관계를 변화시키고 신뢰를 쌓아야만 해소될 수 있다. 신뢰가 쌓이면 안보를 담보할 수 있는 안보시스템의 구축이 가능해질 것이다.

안보 딜레마는 어느 한 쪽만 인식하는 것이 아니므로 상호간의 대화와 협조로 그 간극을 줄여나가는 노력을 지속해야 한다. 안보 딜레마가 존재하는 상황에서는 모든 것들이 안보위협과 연관되어 인식되므로 다각적인 안보 대화 체제를 구축하여 우발적 문제를 예방하며, 상호간 투명한 정책으로 오해가 유발되지 않아야 한다. 그리고 4차산업혁명시대와 국가간 경계붕괴로 예상치 못한 상황이 항시 발생할 수 있으므로 공동의 경계 및 예방시스템을 구축하고 소통하는 노력이 필요하다.

넷째, 단위국가간의 관계 불균형을 해소할 필요가 있다. 물론 각 국가는 각자의 이해관계를 내세우고 있지만 작금의 동북아내 관계는 매우 불안정하고 혼란스럽다. 냉전기와 탈냉전기라는 외부적 요인 외에도 국내정치의 영향 때문에 대외정책이 빈번하게 교체되고 이러한 변수가 국가간의 관계에 심각한 영향을 미치고 있다. 가장 큰 문제는 이러한 불안정이 구조내에 순식간에 갈등이나 전쟁을 유발할 수 있다는 것이다.

따라서 각각의 국가들이 원하는 구조체제를 수렴하는 지역단위의 기구를 만들거나 위험한 관계인 적대나 대립과 불안정 잠재요인인 보통의 관계를 해소할 방법을 찾아야 한다. 지금 동북아지역복합체는 부각된 갈등이나 잠재적 충돌요인이 상당하다. 이러한 요인이 악화되는 것은 관련국은 물론이며 모든 단위국가에도 심각한 위협이 될 수 있는 바, 이를 해결하려는 공동의 노력이 시급한 상태다.

다섯째, 남방 및 북방삼각체간의 대립을 해소해야 한다. 두 개 삼각체는 탈냉전기에 들어와 군사적 대립을 멈추고 있지 않으며, 최근에 들어와서는 진영을 형성하여 다방면에서 대립구도를 형성하고 있다. APEC, OECD, G20 정상회의 등에서 정상들간에 빈번한 접촉이 이루어지고 있으나 실마리를 찾고 있지 못하다. 가장 큰 원인은 국가간의 이익이 상충되고 충돌하기 때문이지만 서로에 대한 불신을 해소하지 못한 데 따른 것이다.

과연 삼각체는 꼭 존재해야 되는 것인가? 주변국들은 역사적으로 경험한 공존의 시대를 교훈 삼아 진영을 와해하고, 국가간의 균형 있는 관계가 형성되기 위해 노력해야 한다. 특히 진영의 완충지대이자 접점인 한반도에서의 충돌 요인을 해소해야 하는 바 비핵화의 절대적 필요성에 공감하고 실천하는 노력이 필요하다.

또한 생존의 위기에 봉착한 북한문제와 직결하여 한반도의 미래를 어떻게 진척시켜 나갈 것인가에 대한 공감대가 필요하다. 앞에서 분석한 바와 같이 복합체의 구조는 한반도 문제와 밀접하게 연관되어 있는데, 복합체의 구조보다는 한반도에서 실마리를 찾는 것이 더욱 효율적일 것으로 판단된다.

마지막으로 복합체내의 남북한 역학관계의 불균형을 해소해야 한다. 남북한은 이러한 문제에 공감하여 해결방법을 찾기 위해 노력하고 있다. 북한의 고립은 비핵화는 물론이며 북한의 미래에 전혀 도움이 되지 않는다. 북한이 핵무기를 개발하거나 군사력을 지속하는 한 북한의 경제회생은 불가능하다.

이와 같은 결론에 도달하는 것이 쉽지 않음에도 주변국은 북한에 대한 영향력을 유지하거나 진영을 구축하는 데 급급함으로써 한반도 상황을 개선하는 데 도움을 주지 못하고 있다. 따라서 북한의 고립을 해소하는 노력을 병행하고 북한이 남북한뿐만 아니라 주변국 모두와 관계를 증진하고 발전해 나가면서 비핵화나 한반도 긴장문제를 해소해 나가야 할 것이다.

제6장

결론

제6장

결론

이 책의 중심 주제는 동북아안보복합체와 한반도 안보다. 한반도 안보는 한반도에 국한하거나 주변국이라는 단편적인 관계에서 파악할 경우 다층적이고 복합적인 안보의 배경을 이해하기가 곤란하다. 베리 부잔이 지역안보복합체를 분석한 이유도 보다 구조적이고 동적이며, 역사를 통찰한 안보관이 가능하기 때문이다.

저자는 ① 동북아안보복합체는 한반도 안보에 어떠한 영향을 미치는가? ② 한반도 안보의 내외부적 취약성은 무엇이며 극복 대책은 있는가? 두 문제를 제기하였고, 그 실체와 문제점을 밝히기 위하여 주력하였다.

동북아안보복합체의 실체는 지역안보복합체의 안보개념과 복합체의 구성요건을 중심으로 구체화되었는 바, 동북아안보복합체는 19세기 이후에 지리적 근접성, 적대/우호의 경험 축적, 군사력 응집 및 패권 추구, 경제적 의존 및 공존 관계 심화, 문화의 혼재, 초국가적 환경문제와 문화교류의 확대 등이 복합적으로 작용되어 형성되었다.

부잔이 언급한 안보개념도 동북아지역의 정치 · 군사 · 경제 · 사회 ·

환경 분야 등으로 분화 및 확장되어 왔다. 또한 복합체는 적대-우호의 패턴과 힘의 분포상태를 핵심구조로 여전히 작동되고 있다는 것이 확인되었다. 동북아안보복합체는 이러한 작동 동인에 의해 역동적인 상태로 유지되거나 변화되고 있는데, 현상 유지, 내외부적 변화, 압도의 현상이 시현되고 있다. 그러나 복합체내 문제가 지속적으로 발생하고 해결하지 못한 상황을 보이고 있는바, 지역 국가들간에는 EU와 같은 갈등해결의 기제가 부족하고 상호공존의 경험을 지속적으로 경험하지 못하여 협력과 이해보다는 대결과 충돌의 경향을 보이고 있다.

이러한 상태에서 EU 등을 창출한 유럽의 성숙한 상태로 발전되기는 어려울 것이다. 또한 복합체의 하부구조로 존재하는 남방 및 북방삼각체는 그 상이성이 심화되어 진영의 구축이라는 부정적 기류를 형성하고 있다. 남방삼각체는 자유주의 및 자본주의 진영으로서 선진국 수준의 사회체제와 풍요로운 경제를 이룩한 한미일이 삼각공조를 이루고 있는데, 서방과 여타 태평양 국가들과의 협력에서도 주도적인 위치에 있다. 남방삼각체는 체제 및 지역평화에 대한 의지를 기반으로 북핵문제 해결을 동북아 평화의 선결문제로 인식하고 있다.

대립구조에 놓여 있는 데 반하여 북방삼각체는 구공산주의 진영의 결속력과 관성을 가지고 있는데, 미국과 서방의 압박과 제재에 공동으로 대응하면서 세력을 확장하는 데 집중하는 모습이다. 특히 북핵문제를 다룸에 안보리 상임이사국인 중국과 러시아가 공동으로 대응하고 있는데, 북한의 배후 역할을 하고 있다는 의심을 받고 있다.

또한 이 책에서는 복합체의 안보적 요인의 심층적인 배경을 확인하기 위하여 한미일의 남방삼각체와 북중러의 북방삼각체 국가들의 대외관계와 위협인식과 안보전략을 정밀하게 분석하였다.

미국은 트럼프 행정부 시기에 신고립주의가 발현된 상태로서 체제 차원의 영향력을 유지하기 위하여 노력하고 있으며, 9.11테러 이후의 대테러전 수행, 중러의 밀착 견제, 북핵무장 등 위험국가의 도전 등을 핵심위협으로 인식하여 공세적인 대외전략을 수행하고 있다.

일본은 2차 세계대전시의 패전국가의 이미지와 헌법적 제약을 극복하기 위하여 미일동맹을 군사동맹 및 지원체제로 활용하여 '집단방위체제를 구현하고 군사력을 확장하며 필요시 국내외에서 활용할 수 있는 체제' 의 보통국가화의 추진에 전력을 기울이고 있다. 이러한 노력은 지역에서의 영향력 확대와 북한의 핵무장을 활용한 안보 강화라는 측면으로 이해되기도 하지만 주변국에서는 '군국주의 부활' 에 대한 우려를 하는 모습이다.

한국은 북한의 핵무장과 군사적 도발을 핵심위협으로 인식한 가운데 한미동맹을 중심으로 한반도 문제의 해결과 비핵화를 위해 노력을 기울이고 있다.

북방삼각체 국가들의 국가적 결속과 남방삼각체와 대립하는 모습은 한반도 안보에 악영향을 주는 요소로 분석된다.

중국은 '중국몽' 을 주창하며 신형대국관계론에 기반하여 육로와 해로를 통하여 유럽에 이르는 일대일로정책을 강력하게 시행하고 있으며, G2의 경제력을 기반으로 군사력 증강을 적극 도모하는 한편 미국에 대응하기 위하여 러시아와의 밀착을 강화하고 있다.

러시아는 2010년대에 들어와 경제적 회복기를 맞이하여 옛 소련의 영화를 회복하려고 하며, 중국과의 밀착을 통하여 무기판매를 통한 재정수익 증대와 중국의 투자유치를 확대하고 있고, 상하이협력기구를 통한 지역단위 안보기구를 적극 활용하고 있다.

북한은 중국과 러시아를 배후국가로 인식하고 이를 적극적으로 활용하고 있으며, 강화된 핵전력을 바탕으로 정전체제 해체와 경제제재 국면을 극복하기 위한 대미 협상을 시도하고 있다.

저자는 두 개 삼각체의 구성국가들을 안보적인 관점에서 면밀하게 분석한 후 한반도 안보요인을 체계적으로 분석하기 위하여 국가간 관계, 삼각체의 SWOT 분석, 두 삼각체간의 협력 및 충돌요인을 면밀하게 분석하였다.

첫째, 복합체내 국가간의 관계를 동맹, 밀착, 보통, 경쟁, 적대 등 우호도와 적대감 정도로 구분하여 다섯 유형으로 설정하고 배경과 영향 요인을 평가하였다. 복합체내에는 총 15개의 상이한 관계가 형성되어 복합체가 매우 불안정하고 불균형 상태에 있다는 것을 파악하였다.

둘째, 남방 및 북방삼각체에 대한 SWOT 분석을 실시하여 각각의 강약점과 위기 및 기회요인을 분석하여 삼각체의 특징을 내부적 요인과 외부적 요인으로 구분하여 평가하였다. 두 개의 삼각체는 강약점 및 위협요인에서 상호대칭적인 구조를 형성하고 있는 바, 패권경쟁 및 군비경쟁 지속, 각 삼각체의 폐쇄적 및 공세적 운용, 쟁점 해결에 미온적 · 수동적 태도 견지, 경제협력 소홀 및 무역전쟁 강화, 경제공동체의 성과 미비 및 상황 악화, 삼각체내의 응집력 부족 및 균열 발생, 특정국가의 고립 및 소외현상 심화, 그리고 국가간 적대 인식 심화 등의 충돌요인이 다수 존재해 있다.

그러한 두 삼각체가 수렴될 수 있는 협력 요인과 공간도 존재하는데 패권 경쟁 자제 및 공존 인식 공유, 군축 등 안보협력 체제 구축 노력, 복합체내의 안보기구 창설, 북핵문제 등 해결 협력, 주변국의 국가간 쟁점 적극 중재, 복합체의 경제발전과 공동 번영, 경제발전 지원과 확산 정책 협력, 그리고 국가간 우호 패턴의 증대 현상 등이 산견되고 있다.

한반도 안보는 안보개념의 확장, 동북아복합안보체에서 보여준 적대-우호의 축적, 단위국가간 서로 다른 위협의 상충, 남방 및 북방삼각체의 대립적 상황, 그리고 남북한간의 심각한 차이와 외부 구조와의 메커니즘 작동의 간격 심화 등 매우 다층적이고 복합적인 상황에 영향을 받고 있다고 할 수 있다.

결론적으로 한반도 안보 문제는 앞서 언급한 바와 같이 매우 복잡하고 심층적인 구조하에서 형성되고 있다. 따라서 이의 해결을 위해서는 확장된 안보개념을 이해한 가운데 복합체내에 장기간 존재해 온 근원적 문제점을 해소하는 데 주력해 나가야 한다는 점을 강조한 바 있다. 또한 복합체내 구성국가간의 이해와 협력으로 EU와 같은 안보체제를 구축하는 것이 필요하다는 것을 인식하였다.

참고문헌

1. 국내자료

가. 단행본

강봉규,『통계학』(서울: 형설출판사, 1994).

국방부,『국방백서 2016』(서울: 국방부, 2018).

김웅진,『사회과학연구방법론서설』(서울: 명지사, 2003).

미타니 히로시 외,『다시 보는 동아시아 근대사』(서울: 까치, 2009).

민병천 편,『북한의 대외관계』(서울: 대왕사, 1987).

박영택,『북한 김정은 체제 이해』(서울: 북코리아, 2017).

새뮤얼 킴,『한반도와 4대 강국』(서울: 한울, 2006).

이준형,『조사방법론』(서울: 대영문화사, 2004).

차배근,『사회과학연구방법』(서울: 세영사, 1981).

최태강,『러시아와 동북아』(서울: 오름, 2004).

통일부,『2018 통일백서』(서울: 통일부, 2018).

한승준,『사회조사방법론』(서울: 대영문화사, 2000).

한영춘,『사회과학연구방법』(서울: 법문사, 1994).

한용섭 외,『미 · 일 · 중 · 러의 군사전략』(서울: 한울, 2008).

한중일3국공동역사편찬위,『한중일이 함께 쓴 동아시아 근현대사 1,2』(서울: 휴머니스트, 2007).

황병무,『한국안보의 영역 · 쟁점 · 정책』(서울: 봉명, 2004).

나. 논문

강민지, "한국의 일본 수산물 금지조치 법적 검토."『법학연구』제23권 제4호.

공진성, "테러와 테러리즘: 정치적 폭력의 경제와 타락에 관하여,"

『현대정치연구』 제8권 1호, 2015년 봄호.
곽덕환, “중국의 대러시아 외교관계 변화 연구,” 『사회과학연구』 제26집 4호, 2015. 10.
권소연, “동아시아 지역 정체성 만들기,” 『동북아시아문화학회 국제학술대회 발표자료집』(2016-7).
김관옥, “미국과 중국의 외교패권 경쟁: 재균형외교 대 균형외교,” 『국제정치연구』 제19집 1호.
김귀옥, “글로벌시대 동아시아 문화공동체, 기원과 형성, 전망과 과제.” 『한국사회학회 사회학대회논문집』(2012. 12).
김동성, “북한 핵 · 미사일 위협과 한반도 위기: 한국의 대응방향.” 『이슈&진단』No. 291(2017. 8. 29.).
김보미, “중소분쟁시기 북방삼각관계가 조소 · 조중동맹의 체결에 미친 영향 (1957-1961),” 『북한연구학회보』제17권 제2호.
김상배, “신흥안보와 메타 거버넌스,” 『한국정치학회보』 50집 1호, 2016 봄.
김주삼, “아편전쟁과 동아시아 근대화과정에서 나타난 중 · 일의 대응방식 분석,” 『아시아연구』제11권 제3호(2009. 3).
김주삼, “G2체제에서 중국의 군사전략 변화양상 분석,” 『대한정치학회보』25집 2호, 2017년 5월.
김태운, “안보개념의 광역화와 동북아시아 안보협력 과제,” 『아시아연구』제12권 제2호, 2009. 9.
김학재, “냉전과 열전의 지역적 기원: 유럽과 동아시아 냉전의 비교역사사회학,” 『사회와 역사』제114집(2017년).
류권홍, “후쿠시마 이후, 그 대응은: 국제사회 및 프랑스를 중심으로,” 『환경법과 정책』 제12권(2014. 2. 28).
문홍호, “중 · 러 전략적 협력과 한반도 평화체제,” 『중소연구』제41

권 제4호, 2017/2018 겨울.
민병원, "탈냉전기 안보개념의 확대와 네트워크 패러다임," 『국방연구』 제50권 제2호, 2017년 12월.
박민철, "한국 동아시아담론의 현재와 미래," 『통일인문학』 제73집(2015. 9).
박영택 · 김재환, "동북아안보복합체의 미성숙 실체와 한반도 안보역학관계," 『세계지역연구논총』 제36집 2호, 2018.
박정수, "중화민족주의와 동아시아 문화 갈등: 역사와 문화의 경계짓기," 『국제정치논총』 제52집 2호.
박종재 · 이상호, "사이버 공격에 대한 한국의 안보전략적 대응체계와 과제," 『정치정보연구』 제20권 3호.
박종철, "중소분쟁과 북중관계(1961-1964년)에 대한 고찰," 『한중사회과학연구』 제9권 제2호(통권 20호).
서정경 · 원동욱, "시진핑 시기 중국의 주변외교 분석," 『국제정치연구』 제17집 2호, 2014. 12.
손영동, "사이버 안보와 국방 대응태세," 『군사논단』 제94호(2018년 여름).
송병록, "독일과 유엔: 독일의 안보리 상임이사국 진출노력과 전망," 『유럽연구』 제24호(2006년 겨울).
송재익, "한국군 합동 사이버작전 강화방안 연구: 합동작전과 연계를 중심으로," 『한국군사』 제2호, 2017. 12.
신성호, "아시아 재균형에서 미국 우선주의로: 트럼프 행정부시대 미중경쟁과 한국의 외교안보전략," 『KRIS 창립 기념 논문집』 2017. 10.
신종훈, "유럽정체성과 동아시아공동체 담론," 『역사학보』 제221집(2014. 3).

원동욱, "중국 환경문제에 대한 재인식: 경제발전과 환경보호의 딜레마," 『환경정책연구』 제5권 1호, 2006.
원용진, "동아시아 정체성 형성과 한류," 『문화와 정치』 제2권 제2호.
유바다, "갑신정변 전후의 청 · 일의 조선보호론 제기와 천진조약의 체결," 『역사학연구』 제66집(2017.05).
윤지원 · 심세현, "동북아안보환경의 변화와 미국의 안보전략," 『한국정치외교사논총』 제38집 1호.
윤지원, "무차별적 '소프트타깃(Soft Target)' 테러 급증과 우리의 대응방안," 『국방과 기술』 461, 2017. 7.
이문기, "G2시대 중국의 국제정세 인식과 외교안보 전략," 『아시아연구』 제15집 2호, 2012. 6.
이상환, "한반도 주변 국제질서의 불안정성과 한국의 외교전략," 『한국정치외교사논총』 제37집 2호.
이수철, "일본의 초미세먼지 대책과 미세먼지 저감을 위한 한중일 협력," 『자원환경경제연구』 제26권 제1호.
이수행 · 이은환 · 홍성민 · 김욱, " AI, 구제역 확산의 쟁점과 대응과제," 『이슈&진단』 No. 272, 2017. 3. 29.
이용권 · 이성규, "러시아와 중국의 관계발전 심화요인 분석: 에너지 자원협력을 중심으로," 『국제정치논총』 제46집 2호, 2006.
이원우, "중국 · 미국의 군사전략 변화와 동아시아 안보전망: 지역안보복합체(RSC) 관점에서," 『21세기정치학회보』 제23집 2호, 2013년 9월.
이재봉, "미중관계 및 남북관계의 변화 전망: 트럼프 정부와 문재인 정부 출범 이후," 『한국동북아논총』 제84호(2017).
이진호 · 이민화, "4차산업혁명과 국가정책 방향 연구," 『한국경영학회 통합학술발표논문집』 2017. 08.

전학선, “인간안보를 통한 인권보장 강화,” 『서울법학』 제24권 제1호.
정민재, “전염병, 안전, 국가: 전염병 방역의 역사와 메르스 사태,” 『역사문제연구』 제34호, 2015. 10.
정영순, “임진왜란과 6.25전쟁의 비교사적 검토,” 『사회과교육』 2012, 51권 4호.
조공장 외, “원전사고 대응 재생계획 수립방안 연구(1): 후쿠시마 원전사고의 중장기 모니터링에 기반하여,” 『KEI 사업보고서』 2016-11.
조성호 외, “국가발전을 위한 전략과제,” 『정책연구』 경기연구원, 2017-17.
조정원, “일본의 동아시아 지역공동체 구상: 대동아공영권과 동아시아 공동체의 비교를 중심으로,” 『동북아문화연구』 제20집 (2009).
차장현 · 김대수 · 송현준, “방사능테러 위협 및 예상 시나리오,” 『국방과 기술』 459, 2017. 5.
한의석, “21세기 일본의 국가전략,” 『국제정치논총』 제57집 3호 (2017).
홍사균 · 최용원 · 장현섭 · 이영준, “후쿠시마 원전사고 이후 원자력 발전을 둘러싼 주요 쟁점과 향후 정책방향,” 『정책연구』 과학기술정책연구원, 2011. 12. 1.
현인택, “동아시아 헤게모니 역사와 한국의 미래,” 『국제관계연구』 제22권 제2호(2017년 겨울호).
홍용표, “탈냉전기 안보개념의 확대와 한반도 안보환경의 재조명,” 『한국정치학회보』 36집 4호, 2002 12.

2. 북한자료

김일성, '인민군대를 더욱 강화할데 대하여', 『김일성 저작집 제30권』(평양: 조선노동당출판사, 1985).

김일성, '현 정세와 우리 당의 과업', 『김일성 저작선집 제4권』(평양: 조선노동당출판사, 1979).

3. 외국자료

가. 단행본

Buzan Barry, People, States, and Fear: An Agenda for International Security Studies in the Post-Cold War Era. (London: Harvester Wheatsheaf, 1991).

Buzan Barry, South Asian Insecurity and the Great Power. (London: The Macmillan Press Ltd., 1986).

Buzan Barry, Wœver, Ole, and Wilde, Laap de. Security: A New Framework for Analysis. (London: Lynne Riener Publisher, 1998).

Nachmias, Frank 외, Research Methods in the Social Sciences(New York: Martin' s Press, 1992).

Navias Martin, Going Ballistic: The Build-Up of Missiles in the Middle East(London: Brassey' s, 1993).

Rothstein, Robert. L. Alliance, and Small Power(New York and London: Columbia University Press, 1969).

나. 논문

Auslin, Michael. "On Asia," Commentary, May 2016.

Buzan, Barry. "Peace, Power, and Security: Contending Concepts in the Study of International relations." Journal of Peace Research, 21-2(1984).

Cha, Victor and Katz, Katrin. "The Right Way to Coerce North Korea," Foreign Affairs, May/June 2018.

Humprey, Albert. "SWOT Analysis for Management consulting," SRI Alumni News Letter, Sri International, December. 2005.

Nau, Henry R. "Trump' s Conservative Internationalism," National Review, August 28, 2017.

Jeong, Hanbeom. "Prospect of Multilateral Security Governance in East Asia." 『세계지역연구논총』35집 3호(2017. 09).

Kahrs, Tuva. "Regional Security Complex Theory and Chinese Policy towards North Korea." East Asia, 21-4(Winter 2004).

Modelski, George. Long Cycles in World Politics. London: Macmillan, 1988.

Modelski, George. "Is World Politics Evolutionary Learning? " International Organization 44-1(Winter 1990).

Waltz, Kenneth N., Theory of International Politics(New York; Newbery Award Record, Inc, 1979).

동북아안보복합체와 한반도 안보

지은이 / 김재환 · 박영택
발행인 / 김영란
발행처 / 한누리미디어
디자인 / 지선숙

08303, 서울시 구로구 구로중앙로18길 40, 2층(구로동)
전화 / (02)379-4514, 379-4519
Fax / (02)379-4516
E-mail/hannury2003@hanmail.net

신고번호 / 제 25100-2016-000025호
신고연월일 / 2016. 4. 11
등록일 / 1993. 11. 4

초판발행일 / 2019년 3월 30일

값 15,000원

ISBN 978-89-7969-794-0 93390